水电工程大型地下洞群变形破坏与动态响应

周家文　李海波　杨兴国等　著

科学出版社

北京

内 容 简 介

本书是一本关于地下工程岩体变形破坏的专著，介绍了作者在水电工程大型地下洞群施工期围岩变形响应研究中的系列成果。全书分为8章，分别介绍了洞群围岩变形破坏基本模式与力学响应机理、围岩卸荷损伤演化规律、洞群关键部位变形破坏特性与整体变形破坏时空演化规律，以及三维激光扫描等高新技术在洞群围岩变形破坏中的应用，可为大型地下洞群施工开挖优化、变形控制等提供技术支撑。

本书可供水利、土木、矿山、交通、铁路等相关工程领域的广大建设者和科研工作者以及大专院校师生参考。

图书在版编目（CIP）数据

水电工程大型地下洞群变形破坏与动态响应／周家文等著 . —北京：科学出版社，2020.6
　　ISBN 978-7-03-064210-3

Ⅰ. ①水… Ⅱ. ①周… Ⅲ. ①水利水电工程-地下洞室-围岩变形-研究-西南地区 Ⅳ. ①TV ②TU929

中国版本图书馆 CIP 数据核字（2020）第 023279 号

责任编辑：张井飞　韩　鹏　陈娇娇／责任校对：张小霞
责任印制：吴兆东／封面设计：耕者设计工作室

科 学 出 版 社 出版

北京东黄城根北街 16 号
邮政编码：100717
http://www.sciencep.com

北京九州迅驰传媒文化有限公司印刷
科学出版社发行　各地新华书店经销

*

2020 年 6 月第 一 版　开本：787×1092　1/16
2025 年 3 月第三次印刷　印张：11
字数：261 000

定价：128.00 元
（如有印装质量问题，我社负责调换）

前　　言

我国是世界上水能资源最为丰富的国家，由于西部大开发战略的实施及水电开发在其中的重要地位，我国水电建设重心正逐步向西南地区转移。西部高山峡谷地区通常具有河谷深切、岸坡陡峭、构造应力大、卸荷作用强等特点，受制于地形及地质条件等因素，电站引水发电系统常布置在地下或山体内部，形成了复杂的水电工程地下洞群。相比于采矿巷道、公路铁路隧道等地下工程，水电工程地下洞群具有大跨度、高边墙、大埋深等特点，且随着时代的发展，洞群规模及结构复杂程度急剧增大，给水电工程地下洞群的建设带来巨大挑战。另外，我国西南地区位于地壳厚度陡变带和深层构造带，受强烈内外动力地质作用影响，形成了特殊和复杂的地质环境条件，表现为高地应力、强地震扰动、强卸荷以及复杂多变的岩体结构，这极大地增加了地下洞群围岩变形破坏的风险，导致围岩变形破坏过程及力学机理更为复杂。

本书主要以锦屏Ⅰ级、猴子岩、白鹤滩等水电工程大型地下洞群为依托，基于前人相关研究成果，采用现场调查、原位监测、理论分析、数值模拟和高新技术等方法手段对洞群围岩变形破坏时空动态响应特征及机理进行研究。其中部分内容已在国内外重要学术期刊上发表，有的已成功运用于工程实际建设中。基于水电工程大型地下洞群围岩变形破坏问题，第1章对国内外典型工程洞群围岩变形破坏特征及研究现状进行了总结评述；第2章通过现场勘测调研及理论分析，总结归纳了洞群围岩变形破坏关键影响因素；第3章结合实际工程中的围岩变形破坏现象，依据控制因素的不同将围岩破坏现象归纳为三个层次的8种不同破坏模式，揭示了洞群围岩变形破坏的力学响应机理；第4章基于理论分析并结合多尺度的原位监测手段对洞群围岩卸荷损伤特征及演化规律进行了总结分析，探讨了围岩卸荷损伤机理；第5章依托典型水电工程，对地下洞群顶拱、岩锚梁、岩柱和洞群交叉处等关键部位围岩变形破坏特征及支护措施进行了针对性研究；第6章通过现场监测及数值模拟研究了洞群围岩变形破坏时空响应特征及其演化机理；第7章基于三维激光扫描技术研究了洞群围岩超欠挖测量、衬砌断面体型检测以及危岩体全域非接触式排查等方面的内容，对洞群围岩变形破坏监测与分析提供了一种新的思路和方法；第8章为总结与展望。

水电工程大型地下洞群围岩变形破坏问题突出且力学机理复杂，本书对其中主要问题展开了针对性研究，所得成果对确保工程顺利进行、有效合理地开发地下空间具有十分重要的意义。随着水电工程向西藏和海外进军，地下洞群建设所面临的困难越来越大，而地下洞群围岩变形破坏的研究对节约造价、加快施工进度及确保工程的安全可靠具有极其重要的意义。书中的观点及成果有待进一步完善并接受实际工程的检验，同时期待与同行切磋交流，以促进水电工程地下洞群围岩变形破坏更深层次的探索研究。

全书共8章，参与本书编写的主要人员有周家文、李海波、杨兴国、王猛、肖欣宏、邵帅、侯奇东、姚强、徐富刚等。特别感谢雅砻江流域水电开发有限公司、国电大渡河流域水电开发有限公司、中国电建集团成都勘测设计研究院有限公司、中国电建集团华东勘测设计研究院有限公司、中国水利水电第七工程局有限公司、中国水利水电第五工程局有限公司、中国水利水电第十四工程局有限公司等单位在基础资料及研究工作开展方面提供的大力支持。

由于作者水平有限，书中难免有不足和欠妥之处，恳请读者批评指正。

目　　录

前言

第1章　绪论 ……………………………………………………………………… 1

1.1　研究背景及意义 ……………………………………………………… 1

1.2　国内外典型工程 ……………………………………………………… 5

1.3　国内外研究发展现状 ………………………………………………… 11

1.4　主要内容及技术架构 ………………………………………………… 19

第2章　围岩变形破坏关键影响因素 ………………………………………… 20

2.1　概述 …………………………………………………………………… 20

2.2　洞群布置及结构特征 ………………………………………………… 21

2.3　岩体工程地质特性 …………………………………………………… 30

2.4　地应力场 ……………………………………………………………… 34

2.5　施工因素 ……………………………………………………………… 44

2.6　本章小结 ……………………………………………………………… 46

第3章　围岩变形破坏模式及其力学响应机理 …………………………… 47

3.1　概述 …………………………………………………………………… 47

3.2　应力主导型 …………………………………………………………… 48

3.3　岩体性质主导型 ……………………………………………………… 60

3.4　应力-岩体性质复合型 ……………………………………………… 63

3.5　本章小结 ……………………………………………………………… 65

第4章　地下洞群围岩卸荷损伤演化规律及稳定分析 …………………… 67

4.1　概述 …………………………………………………………………… 67

4.2　洞室围岩开挖卸荷损伤原理 ………………………………………… 68

4.3　地下洞群围岩卸荷损伤演化规律 …………………………………… 69

4.4　本章小结 ……………………………………………………………… 80

第5章　地下洞群关键部位围岩变形破坏特性 …………………………… 82

5.1　概述 …………………………………………………………………… 82

5.2　顶拱变形破坏特性研究 ……………………………………………… 83

5.3　岩锚梁变形破坏特性研究 …………………………………………… 94

5.4　岩柱变形破坏特性研究 ……………………………………………… 103

5.5　洞群交叉部位多面临空围岩时空响应机制研究 …………………… 111

5.6　本章小结 ……………………………………………………………… 117

第 6 章　地下洞群围岩变形破坏时空演化规律 ················ 118
　6.1　概述 ················ 118
　6.2　围岩变形破坏空间效应 ················ 120
　6.3　围岩变形破坏时间效应 ················ 127
　6.4　围岩大变形破坏演化机理 ················ 129
　6.5　本章小结 ················ 132
第 7 章　高新技术在洞群围岩变形破坏中的应用 ················ 133
　7.1　概述 ················ 133
　7.2　洞群围岩逆向化精准建模 ················ 134
　7.3　洞群施工质量控制精准评价 ················ 141
　7.4　危岩体全域非接触式排查技术 ················ 146
　7.5　本章小结 ················ 159
第 8 章　结论与展望 ················ 160
　8.1　主要结论 ················ 160
　8.2　创新与展望 ················ 161
参考文献 ················ 163

第1章 绪 论

1.1 研究背景及意义

能源是经济和社会发展必不可少的物质基础。20 世纪发达国家的工业化和城市化进程以高能耗、高碳排放为发展特征，对自然环境造成了不可忽视的影响。到了 21 世纪，形势变得更为严峻。随着全球人口不断增加、发展中国家经济持续增长，能源短缺和环境污染成了制约人类发展前所未有的挑战。如何实现经济社会发展和保护生态环境并举，如何将发展造成的不利影响降到最低程度，是人类须共同面对和解决的重要问题。在此环境下，改善能源结构，发展清洁能源和可再生能源已经迫在眉睫（谢和平等，2018）。

水电能源作为一种可再生清洁能源，具有不可替代的优势。虽然根据季节不同有丰枯之别，但水电不像其他能源一样有原料用尽的顾虑，而火电、核电要消耗有限的煤炭、石油、天然气和铀等资源。相比其他能源形式，水电更为清洁，对环境的污染更小，不会产生雾霾、酸雨、温室效应和核污染等众多威胁人类生产生活的后果。不仅如此，水电能源还具有效率高、能源回报率高、经济效益高以及发电成本低的优势。除发电效益之外，水电还具备防洪、灌溉、航运、供水、养殖和旅游等众多社会效益。可见，相比其他能源形式，水电能源的优势非常明显（刘能胜等，2011）。

图 1.1（a）给出了 2017 年我国能源消费结构情况（钱伯章和李敏，2018）。显然，我国对化石燃料，尤其是煤炭资源的依赖非常大，反映出火电占比较高，而水电能源占比较低。水电能源凭借其清洁、高效的优越性，应成为我国能源结构优化调整的突破口，给予优先发展。我国的水能资源非常丰富，不论是水能蕴藏量还是可开发水能资源均位居世界首位。勘察资料显示，我国水能资源的理论蕴藏量为 6.89 亿 kW，技术可开发装机容量为 4.93 亿 kW，经济可开发装机容量为 3.95 亿 kW。当前，我国水电能源的开发程度相比发达国家仍较低，水电能源仍有巨大的发展潜力。我国经济快速发展、能源需求旺盛但坚持生态优先，水电开发是必然的选择（徐长义，2005）。

我国水能资源面临着地域分布极其不均匀的现状，仅西南地区就拥有全国近 60% 的水能资源量，国家规划建设的 13 个水电基地中有 5 个位于该区域。随着我国西部大开发和西电东送战略的实施，一批大型水电站相继开工建设，西南地区成为我国水电资源的开发中心，如图 1.1（b）所示。

同时，山高谷深是西南地区典型的地形特点，如图 1.2 所示。受坝址河谷山高坡陡、地面空间有限等约束，水电站枢纽工程除大坝挡水建筑物以外，引水发电建筑物不得不布置在岸边山体内，即采用地下引水发电布置形式。地下式发电厂房能有效利用地下空间，解决峡谷枢纽布置的难题，同时还有充分利用梯级水头差、抗震性能好、生态破坏小等优势（王仁坤等，2016），是一种较为适宜的解决方案，因而在当前西南地区水电开发中得

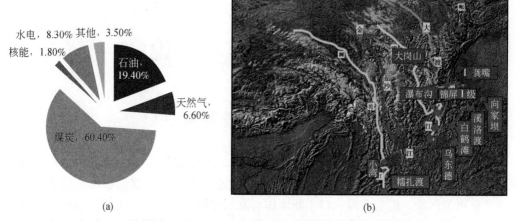

图 1.1　2017 年我国能源消费结构图 （a） 和西南地区已建或正在建设的部分大型水电站 （b）

图 1.2　锦屏 I 级水电工程

到了广泛的应用。地下厂房各洞室功能匹配，洞室之间平面相贯、立体交叉，从而形成地下厂房洞群系统，如图 1.3 的猴子岩地下厂房洞群布置图。目前我国已建及正在建设的大型水电站多采用地下或发电厂房洞群的布置形式，且普遍具有规模宏大的特点 （表 1.1） （李洪涛，2004；字继权，2006；Xu et al.，2014；肖睿胤，2016；Wang Z et al.，2016；Zhang et al.，2016；Shen et al.，2017）。然而，西南地区"三高一深"的地形地质条件，即高地应力、高地震烈度、高边坡和深厚覆盖层，给水电工程地下洞群的建设提出了巨大的挑战。众所周知，地下洞群的安全稳定是工程建设成功的关键，而西南地区的高地应力和复杂地质环境对工程施工安全构成了威胁，由此引发的工程安全问题十分突出。

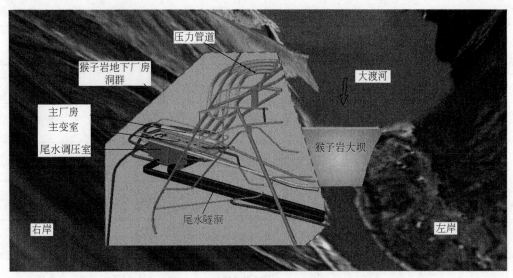

图 1.3　猴子岩地下厂房洞群布置图

表 1.1　我国部分水电站装机容量、主厂房开挖尺寸、埋深及围岩岩性统计表

水电站名称	装机容量/MW	主厂房开挖尺寸（长×宽×高）/m	埋深/m	围岩岩性
白鹤滩（四川/云南）	16000	438×31×88.7	260~330	玄武岩
溪洛渡（四川/云南）	13860	409.25×31.9×75.1	300~480	玄武岩
乌东德（四川/云南）	10200	333×32.5×89.3	280~550	白云岩
向家坝（四川/云南）	6448	255.4×33.4×88.2	100~200	泥质粉砂岩
糯扎渡（云南）	5850	418×29×77.7	180~220	花岗岩
小湾（云南）	4200	326×29.5×65.6	300~500	片麻岩
拉西瓦（青海）	4200	309.75×30×74	220~450	花岗岩
锦屏Ⅰ级（四川）	3600	276.99×25.6×68.8	180~420	大理岩
二滩（四川）	3300	280.3×25.5×63.9	200~400	凝灰岩
瀑布沟（四川）	3300	294.1×30.7×70.2	200~300	花岗岩
构皮滩（贵州）	3000	230.45×27×75.32	230~360	灰岩

水电站名称	装机容量/MW	主厂房开挖尺寸（长×宽×高）/m	埋深/m	围岩岩性
两河口（四川）	3000	191.93×28.4×65.8	400~450	砂岩、板岩
大岗山（四川）	2600	206×30.8×73.78	300~500	花岗岩
长河坝（四川）	2600	228.8×30.8×73.35	285~480	花岗岩
官地（四川）	2400	243.4×29.8×77.5	170~290	玄武岩
鲁地拉（云南）	2160	269×29.2×75.6	190~460	砂岩
双江口（四川）	2000	196×29.3×63	321~498	花岗岩
小浪底（河南）	1800	215.5×26.2×61.4	70~100	砂岩
白山（吉林）	1800	121.5×25×54.3	90	混合岩
彭水（重庆）	1750	252×30×78.5	100~200	灰岩
猴子岩（四川）	1700	219.5×29.2×68.7	400~660	灰岩
大朝山（云南）	1350	234×26.4×63	70~220	玄武岩
思林（贵州）	1080	177.8×27×73.5	80~150	灰岩
三板溪（贵州）	1000	147.5×21×56	200~380	砂岩

　　地下洞室在开挖之前，岩体处于复杂的初始应力平衡状态。当洞室开挖之后，该平衡状态被打破，围岩中应力重新分布。若局部的重分布应力超过了围岩强度，或者引起了围岩的过分变形，则该部位围岩将会发生失稳或破坏（邵国建等，2003）。我国西南地区位于地壳厚度陡变带和深层构造带，受强烈内外动力地质作用影响，拥有特殊和复杂的地质环境条件，表现为地应力量值较高、强断裂活动性、强地震作用、深切峡谷的强卸荷改造以及复杂多变的岩体结构，极大地增大了地下洞群围岩变形破坏的风险，在施工开挖扰动作用下，一系列围岩失稳破坏问题涌现（李攀峰，2004；黄润秋，2005）。例如，大岗山水电站地下厂房于2008年12月开挖过程中顶拱出现3000m³的辉绿岩脉塌方，处置时间长达一年半（Wu et al., 2012；魏志云等，2013）；二滩水电站因2#尾调室上游中上部和厂房中下部台阶岩体突变变形，附近围岩产生大规模岩爆；锦屏Ⅰ级水电站地下厂房围岩产生

持续性大变形，变形量以及变形范围大，围岩与衬砌遭到严重破坏（谭义欣，2016；Qian and Zhou，2018）；猴子岩大型地下厂房的施工过程中出现岩爆、片帮剥落、围岩松弛深度大、锚杆锚索应力超限、变形量级大等围岩变形破坏现象（董家兴等，2014）。地下洞群围岩的变形破坏现象，不仅对人员及设备的安全构成威胁，而且延误工期、增加投资，造成巨大的经济损失（鲁文妍，2012）。

此外，当洞室的尺寸和规模增加时，围岩失稳的可能性也会随之增加。因此对于大跨度、高边墙、高埋深、结构复杂的大型地下洞群，围岩稳定性问题显得尤为突出。而且相比单一、小型洞室，大型洞群围岩灾变处治的难度和成本也要高得多（李志鹏，2016）。

综上，针对当前大型地下洞群围岩稳定性及其变形破坏机理展开研究已显得尤为重要，不仅能够解决实际工程问题、积累工程经验，也可为今后的水电开发提供技术支持和参考，对于水电工程的安全建设和长期运营具有重大的现实意义。

1.2　国内外典型工程

表 1.2 统计了国内外几十个水电站地下厂房施工期出现的围岩变形破坏情况（蔡德文，2000；陈进等，2001；Goel，2001；严时仁和杜世民，2001；Tezuka and Seoka，2003；李攀峰，2004；孙维丽，2004；夏万洪，2004；张奇华等，2004；赵海斌等，2004；吴述彧，2005；丁秀丽等，2006；许博等，2007；周述达等，2007；唐旭海等，2007；贺鹏，2008；黄达等，2009），分析统计的国内外地下厂房洞室施工期围岩变形破坏情况可以发现，对于厂房开挖区域附近围岩内存在较大断层或者节理裂隙较为发育或者存在软弱夹层和层间层内错动带时，若其存在于厂房的顶拱部位附近，则很容易出现节理裂隙带和层理面交叉切割形成的过度破碎的不稳定围岩块体，而在挖掘施工时不稳定块体受自重作用极易发生塌方、掉块等事故，如 Khodri 水电站、Okutataragi 水电站、Sardar Sarovar 水电站、拉西瓦水电站、漫湾水电站、索风营水电站、溪洛渡水电站、冶勒水电站以及宜兴抽水蓄能水电站等工程中就存在这种破坏现象；若其存在于厂房的上下游边墙位置，则会导致施工过程中边墙的临空向位移出现急剧增长或者出现大量裂缝，如 Kazunogawa 水电站、Kyogoku 水电站、Sardar Sarovar 水电站、大广坝水电站以及溪洛渡水电站等工程中就存在此类破坏现象；此外，如果厂房区域还存在中等或更高地应力时，受地应力作用围岩还容易产生沿结构面（层理面、错动带等）的顺层滑移剪切变形破坏或者顺层倾倒变形，如龙滩水电站、彭水水电站、索风营水电站以及天荒坪水电站等工程中就出现了顺层滑移或者倾倒变形的现象。对于厂房开挖区域附近围岩内存在中高地应力时，若厂房区域围岩完整性较好，围岩较坚硬，则很容易出现岩爆破坏，如二滩水电站、瀑布沟水电站等工程中就出现了岩爆现象；若厂房中存在高边墙，并且应力松弛明显，则在高边墙和凸出台阶部位很容易出现拉裂缝，如 Siah Bisheh 水电站、三峡水电站、小湾水电站等工程中就存在此类现象。除了上述岩体性质、地质构造及地应力的影响外，洞群的结构特性、地下水和施工技术对地下厂房围岩稳定性也存在一定程度的影响。

表 1.2　国内外已建水电站地下厂房施工期围岩变形破坏情况统计（不完全统计）

工程名称	主厂房开挖尺寸（长×宽×高，单位:m）和走向	围岩岩性和岩体质量	地应力条件	围岩强度和结构特征	典型围岩破坏情况
Hulu Terengganu 水电站	47.0×19.5×33.0（调压室）	主要为凝灰岩和泥岩,其中凝灰岩大都为新鲜至微风化岩体,岩体质量普遍较好,泥岩的岩体质量一般较差	—	凝灰岩单轴抗压强度为中高到中等强度,约为80MPa,具有块状结构;在调压室边墙上有多组节理带交叉剪切	多组节理带,层理面交切,形成不稳定块体,使得围岩过度破碎
Kazunogawa 水电站	210.0×34.0×54.0	主要为砂岩和泥岩	$\sigma_1=14.2\text{MPa}$（N17°E,与水平面夹角68°）,$\sigma_2=12.0\text{MPa}$（N191°W,与水平面夹角20°）,$\sigma_3=9.4\text{MPa}$（N97°E,与水平面夹角9°）	厂房区域围岩中节理裂隙高度发育,密集的节理裂隙带（破碎带）与边墙小角度相交,破碎带岩体抗压强度为35.3MPa	厂房靠近压力管道侧边墙最大位移达56mm
Khodri 水电站	130.0×20.0×46.0	主要为薄层石灰岩和板岩	—	厂房附近围岩中节理裂隙发育,剪切区域和岩体层面交错复杂	被节理裂隙、剪切破碎带以及岩层面交切,组合形成破碎围岩,出现严重塌方,堵塞洞室
Kyogoku 水电站	141.0×24.0×45.8	主要为凝灰岩,岩体质量较好,断层软弱带中主要为斑岩,岩体质量较差		凝灰岩单轴抗压强度为100MPa,斑岩单轴抗压强度为30~40MPa,断层走向与厂房轴线大角度相交,与边墙交角为20°左右	厂房靠近压力管道侧边墙围岩出现了很大变形
Okutataragi 水电站	130.0×25.0×47.0	主要为流纹岩,有辉绿岩侵入	$\sigma_1=7.9\text{MPa},\sigma_3=4.7\text{MPa}$	流纹岩抗压强度在58.9~147.1MPa,厂房顶拱有被节理和破碎弱层面切割形成的块体	由于软弱岩面切割,厂房顶拱围岩存在不稳定块体
Sardar Sarovar 水电站	210.0×23.0×57.0	主要为玄武岩,岩体质量较好,存在少量辉绿岩夹层	$\sigma_h=9.11\text{MPa},\sigma_v=2.35\text{MPa}$	玄武岩抗压强度在100MPa左右,辉绿岩夹层抗压强度为80MPa左右,剪切破碎区附近存在辉绿岩夹层,剪切破碎带穿过厂房边墙	厂房顶拱出现了被辉绿岩夹层切割的不稳定块体,洞室上游边墙出现大量裂缝

续表

工程名称	主厂房开挖尺寸（长×宽×高，单位：m）和走向	围岩岩性和岩体质量	地应力条件	围岩强度和结构特征	典型围岩破坏情况
Siah Bisheh 水电站	132.0×25.0×46.5 N152°E	主要为砂岩	—	砂岩抗压强度在85MPa左右，抗拉强度在6MPa左右，岩层产状195°/55°，厂区破碎在一条主断层，产状为28°78°，由厂房顶拱上方经过	厂房上游边墙围岩存在张位破坏，破坏深度约为6m
百色水电站	147.0×20.7×49 N62°W	主要为辉绿岩，II类和III类围岩，以III类围岩为主，Q值的变化范围为5.2~16.2	—	单块岩石抗压强度高，脆硬性明显，节理裂隙发育，J_{63}构造蚀变带距上游边墙很近，T_1节理与边墙走向平行：N60°~75°W，SW（少数NW）50°~60°	几组裂隙相互交切，组合形成不稳定块体，结构面间结合力弱，开挖爆破易导致原本闭合的细微节理、裂隙张开或裂隙张开度增大
大朝山水电站	233.5×26.4×64.2 N75°W	主要为玄武岩，局部夹角砾熔岩；以I类围岩为主，III类围岩次之，少量IV类围岩	中等地应力区，侧压力系数1.82~2.2	块状结构，岩体完整。岩体为单斜构造，缓倾向主厂房上游侧，内夹有凝灰岩软弱夹层，斜穿主厂房顶拱。F_{217}断层规模较大，倾角75°~88°，分布在主变室与主厂房间；F_{168}斜向通过主厂房，并与凝灰岩夹层及其他结构面组合成不稳定块体	凝灰岩软弱夹层
东风水电站	105.5×20.0×48.0 N7°E	主要为石灰岩	地应力以水平应力为主，$\sigma_1=12.2$MPa，与厂房轴线呈77°夹角，近乎正交	岩层走向NE45°~75°，倾向NE12°~16°，岩层面发育，层间多充填泥质薄膜	厂房顶部及上方存在两条软弱特性明显的夹层
大广坝水电站	87.1×14.2×37.4 N75°W	主要为斑状花岗岩	—	岩体比较完整，近东西向有组陡倾角（倾角约80°）的密集节理与厂房轴线的交角约12°，节理间距为10~30cm，充填风化泥，近南北向有两条大节理斜切主厂房	下游边墙施工过程出现变形急剧增长，达62mm/d
二滩水电站	280.3×30.7×65.4 N6°W	主要为正长岩和辉长岩，岩体质量中等至好	$\sigma_1=17.2$~38.4MPa，方向为N23°E，平均倾角22°	构造较简单，断层不发育，仅局部发育小断层或挤压破碎带，其宽度一般为5~20cm，延伸较短	岩爆，围岩剥落；母线洞环向开裂

续表

工程名称	主厂房开挖尺寸（长×宽×高，单位：m）和走向	围岩岩性和岩体质量	地应力条件	围岩强度和结构特征	典型围岩破坏情况
龙滩水电站	398.9×30.7×81.3 N50°W	主要由厚层钙质砂岩、粉砂岩，泥岩互层夹少量层凝灰岩、硅质泥岩灰岩组成，Ⅱ、Ⅲ类围岩	$\sigma_1=12.0\sim13.0$MPa，方向$20°\sim80°$W，水平应力大于垂直应力	岩层走向N10°~15°W，倾向NE57°~60°，层间错动较发育	围岩顺层面倾倒变形明显，出现锚杆断裂，应力突变
拉西瓦水电站	309.8×30.0×74.0	主要为花岗岩，以Ⅱ类、Ⅲ类围岩为主	$\sigma_1=20.0\sim30.0$MPa	块状结构，岩石强度高，岩体致密坚硬，岩体完整性好，断层层理分布较少	顶拱环向开裂严重，母线洞环向开裂
江垭水电站	107.8×21.0×47.1	主要为层状灰岩，Ⅱ类围岩	—	—	母线洞环向开裂严重；F_{15}断层，充填10~50cm厚黄泥夹碎石，溶蚀影响达3m以上，与厂方长轴夹角约10°，依次切割洞室顶拱、拱座、岩锚梁岩台、上游边墙
漫湾水电站	107.5×26.6×69.4	主要为中-粗粒花岗岩，一般属于Ⅱ、Ⅲ类围岩	—	无Ⅰ、Ⅱ级较大断层分布，但Ⅲ、Ⅳ级结构面较发育，走向与厂房轴线方向大角度相交	顶拱断层组合形成块体，C20+023.0m~C20+080.5m 出露地质较差
瀑布沟水电站	294.1×30.7×70.2	主要为流纹岩，一般属于Ⅱ类围岩	$\sigma_1=10.1\sim28.3$MPa	岩质坚硬，单轴抗压强度一般在100MPa以上	岩爆破坏
彭水水电站	252.0×30.0×76.5 N25°E	主要为灰岩、串珠体页岩，均为Ⅱ类围岩	σ_1约10MPa，方向NE20°，σ_2约7MPa	地层走向22°~25°，倾向110°~115°，倾角60°~70°	上游边墙倾倒破坏，下游边顺层滑移破坏
水布垭水电站	168.5×21.5×65.0	主要为灰岩，Ⅳ~Ⅴ类围岩	—	厂房洞群布置于张拉性断层F_2和F_3所夹的区域；地下洞室穿避的岩层，多由软硬相间的岩体组成	主厂房上部6~9m厚的岩体中软岩累计厚3.75m，占56%，发育4条层同剪切带，性状差、强度低，在施工期和水电站运行期均存在稳定问题

续表

工程名称	主厂房开挖尺寸 (长×宽×高,单位:m) 和走向	围岩岩性和岩体质量	地应力条件	围岩强度和结构特征	典型围岩破坏情况
姚风营水电站	135.5×24.0×58.3 N68°E	主要为灰岩,以Ⅱ～Ⅲ类 围岩为主	—	厂房轴线与岩层走向为小角度斜交,下游 边墙岩体为顺向结构。边墙下部分布薄 层和极薄层灰岩,夹层发育,变形模量 低,属于Ⅳ类围岩	受夹层,层间错动带及裂隙联合切割, 顶拱及下游边墙存在不稳定块体, 下游边墙主要表现为顺层滑移型, 顶拱主要沿夹层同错动或夹层产生 塌落体
思林水电站	177.8×27.0×70.5 N5°W	主要为中厚至厚层块状灰 岩,以Ⅱ类围岩为主	—	主厂房轴线方向与主要结构面交角 45°,顶拱因溶蚀裂隙,岩溶较发育, 丁围岩的局部稳定,为Ⅲ类围岩	结构面发育及溶洞发育部位块体 破坏
十三陵抽水蓄 能水电站	145.0×21.9×52.1 NW280°	主要为砾岩,以Ⅱ、Ⅲ类围 岩为主	σ_1约10MPa,方向NW300° ～315°	砾状结构,巨厚层构造,干抗压强 度98.5MPa	局部断层,局部软弱破碎带
三峡水电站	311.3×32.6×87.3 N43.5°E	主要为中粗粒闪云斜长花 岗岩和细粒闪长岩包裹 体,穿插有细粒花岗岩脉 及伟晶岩脉,以Ⅰ、Ⅱ类围 岩为主	中等应力场	—	岩体变形破坏模式主要为不利组 合块体在开挖卸荷及爆破振动等 作用下的拉裂或剪切变形破坏
天荒坪水电站	198.7×21.0×47.7 N30°W	主要为含砾流质熔凝 灰岩	中等地应力,以自重应力 为主,最大水平应力方向 近SN向	岩石新鲜、坚硬,均质、完整,无大或较大 规模结构面通过,Ⅲ级结构面稍发育,规 模小,Ⅳ级结构面较发育。饱和抗压强 度120.5MPa	下游拱脚混凝土喷层开裂,主要发 生在喷层内,围岩除局部剪切滑移 外无大的开裂,开裂产生的原因是 较大的围岩变形和回凸不平的岩 面使喷层变形不均匀,不平顺
小浪底水电站	251.5×26.2×61.4	主要为钙质硅砂岩地层, Ⅲ类围岩	地应力区,以自重应力为 主,$\sigma_1<5$MPa	岩性坚硬,地下厂房段受断层破碎带 影响较小,地层比较稳定	顶拱以上23m范围内分布有3层 连续泥化夹层

续表

工程名称	主厂房开挖尺寸（长×宽×高，单位：m）和走向	围岩岩性和岩体质量	地应力条件	围岩强度和结构特征	典型围岩破坏情况
溪洛渡水电站	333.0×30.0×74.7 N24°W	主要为峨眉山斑状玄武岩	$\sigma_1 = 16 \sim 20$MPa，方向 NW60°~70°	岩石坚硬、新鲜完整，稳定性较好，厂区裂隙总体上不发育	主要问题是软弱带，围岩层间、层内错动带发育，与局部发育的陡倾裂隙组合可能组合形成潜动块体，危及洞室顶拱和高边坡稳定性。破碎带产生较大塑性变形
小湾水电站	325.0×29.5×65.5 SE140°	主要为黑云花岗片麻岩夹薄层透镜状片岩	$\sigma_1 = 16.4 \sim 26.7$MPa，方向为 296°~311°，倾角 49°~53°	三条Ⅲ级断层在地下厂房通过，均顺片麻理面发育，与洞轴线夹角呈25°~50°斜交	主要破坏形式为结构面组合块体失稳，局部洞段见有松弛变形现象。副厂房端墙出现墙裂缝，边墙F_{10}处出现裂缝并持续扩大
冶勒水电站	72.1×22.2×39.5	主要为石英闪长岩，以Ⅲ~Ⅳ类围岩为主	—	岩体历经多次地质构造运动，低序次的小断层、剪切层和构造裂隙发育，岩体完整性较差。不同部位的岩体性质差异较大	近EW向的一组缓倾角裂隙发育，分布范围大，是影响地下厂房洞室大跨度顶拱围岩稳定的控制性结构面，开挖临空后，易发生拉裂塌落或掉块
鱼潭水电站	68.2×16.8×36.8	主要为层状石英砂岩	垂直应力为主，$\sigma_{Hmax} = 0.5 \sim 2.0$MPa 与主厂房夹角66°	—	围岩自身节理面发育，且岩层较薄，常出现顶拱围岩石沿节理面剥离的现象
宜兴抽水蓄能水电站	102.2×22.0×52.4	主要为中厚层岩屑砂岩夹泥质粉砂岩，Ⅲ类围岩占51%，Ⅳ、Ⅴ类围岩占49%	—	南北两端分别有较大规模的F_{220}、F_{204}断层通过，其中F_{204}出露宽度为5~15m，断层带内大多充填碎裂岩、角砾岩、糜棱岩、断层泥	断层及N55°~N65°走向节理组合影响，厂房顶拱围岩厂右0+26.0m~厂右0+43.0m形成人字形不稳定的楔形体

尽管各个水电站地下厂房的工程地质条件各不相同，但是在某些相似的条件下，围岩变形破坏存在很多共同点，能找到一定的规律来分析其主要影响因素和力学机理。

1.3 国内外研究发展现状

1.3.1 围岩变形破坏关键因素研究现状

随着国家西部大开发战略的实施，西南地区丰富的水资源逐步得到开发和利用，大规模水电工程陆续修建。大型水电站多在高山峡谷地带，受地形地质条件限制，大都采用地下厂房结构，如锦屏 I 级、溪洛渡、大岗山、白鹤滩水电站等。这些地下厂房由于受到埋深变化大、穿越复杂地层、高地应力、地质条件复杂、厂房尺寸大、岩体强度、地下水等多种因素的影响，岩体力学性质波动大，围岩变形破坏现象时有发生（张建海等，2011）。针对大型地下洞群围岩稳定性展开研究，核心内容是围岩变形破坏的关键影响因素，把握这些因素是揭示围岩变形破坏过程及力学机理、确定有效防控措施的关键。国内外许多专家学者对围岩变形破坏的关键影响因素展开了深入研究，取得了一系列成果。

谷德振（1963）、孙玉科（1997）提出了"岩体结构"的概念和岩体结构控制岩体稳定的重要观点；孙广忠（1993）提出了"岩体结构控制论"，全面、系统地研究了岩体变形与破坏的基本规律，且这一理论逐渐成为指导围岩变形机制研究的主要理论。孙广忠和孙毅（2004）讨论了地应力的地质力学效应，指出岩体不是孤立不变的，其变形机制和力学性质是随着环境应力的改变而不断变化的，特别是岩体内存在结构面时；地应力环境的变化会引起结构面力学效应的改变，进而对岩体的力学性质及破坏机制产生影响。

朱维申和何满潮（1995）的研究指出，地下工程的失稳主要是开挖过程中引起的岩体应力重分布超过围岩强度或引起围岩过分变形而造成的，而开挖施工过程中应力重分布是否会达到危险的程度要视初始地应力场的具体情况而定。刘国锋等（2016）对白鹤滩地下厂房顶拱层围岩片帮破坏的成因及机制进行了研究，总结出地应力是导致该破坏现象发生的根本原因。研究发现，片帮破坏的发生位置与厂房区域最大主应力方向具有明显的空间对应关系，即片帮发生在与洞室断面上最大主应力方向呈大夹角或近似垂直的洞周轮廓线上，如图 1.4 所示。这是厂房开挖后围岩应力重分布，使得该部位的切向应力急剧增加，从而导致了片帮破坏的发生。

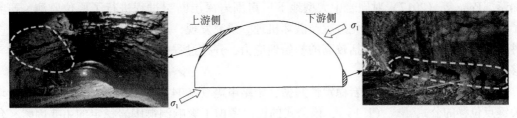

图 1.4 白鹤滩地下厂房顶拱片帮破坏位置与主应力的对应关系（刘国锋等，2016）

黄润秋等（2011）对锦屏Ⅰ级地下厂房施工期围岩变形破坏的研究发现，很多围岩变形开裂现象的诱因都包括岩体结构因素。例如，厂房边墙断层影响带围岩的挤压鼓出破坏[图1.5（a）]，断层在破坏过程中起到了控制作用。如图1.5（b）所示，断层两侧水平挤压力增大，使得断层带碎裂岩体受到挤压而鼓出变形，继而使得混凝土喷层因受鼓出围岩的冲击力而出现如图1.5（a）所示的外鼓开裂。

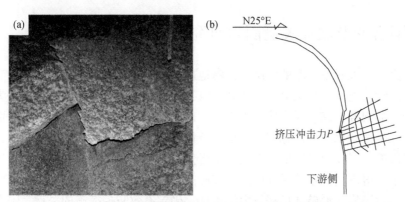

图1.5　锦屏Ⅰ级地下厂房围岩混凝土喷层鼓出开裂现象及机理示意图（黄润秋等，2011）
（a）混凝土喷层鼓出开裂现象；（b）机理示意图

黄秋香等（2013a）采用数值模拟的手段研究不同施工时序对地下洞群开挖过程中围岩稳定的影响，结果表明母线洞施工时序对围岩位移的影响主要体现在岩锚梁层及以上部位，其中以下游岩锚梁部位影响最大。在低地应力条件下，施工顺序的影响差异不大，"先墙后洞"施工顺序下的围岩位移略小于"先洞后墙"；在中等地应力下，"先墙后洞"的围岩位移明显大于"先洞后墙"，且这种差异随着围岩类别的降低和地应力水平的提高而更加明显。

Abdollahipour 和 Rahmannejad（2012）的研究表明，洞室断面形状对于围岩稳定的影响是与侧压系数（k）和围岩质量有关的。当 $0.2<k<2.2$ 时，椭圆形洞室断面的围岩位移最小。当 $k<0.2$ 时，对于质量较好的岩体，蘑菇形断面围岩位移较小；而对于质量较差的岩体，马蹄形断面围岩稳定性更好。Duan 等（2017）的研究表明，对于存在软弱夹层的围岩，其变形破坏的风险很大程度上受洞室尺寸和断面形状的影响，尤其是洞室的跨度。洞室跨度越大，与软弱夹层等不良结构面交切接触组合的可能性增加，从而引发多种类型的围岩变形和破坏，如图1.6（a）中的顶拱塌方，以及图1.6（b）中的剪切滑移和块体塌落。Feng 等（2017）对硬岩中大型地下厂房围岩深层断裂过程进行了原位监测，研究了深层断裂随厂房开挖的演化过程及破坏机理。研究发现，厂房上游侧围岩深层断裂是多种因素共同作用的结果，包括较高的初始地应力、开挖过程中围岩应力集中区向深层的转移以及节理岩体强度较低等。

为研究大型地下洞群围岩稳定性判据，朱维申等（2004，2007）提出了预测洞群边墙关键点位移的公式[式（1.1）]，该公式的提出考虑了影响洞群围岩稳定的主要因素，包括围岩主要力学参数（变形模量、黏聚力和内摩擦角）、洞室埋深、水平向地应力侧压系数以及主厂房高度。

$$U_{ep} = h[a(1000\lambda\gamma H/E)^2 + b(1000\lambda\gamma H/E) + c] \times 10^{-3} \qquad (1.1)$$

式中，U_{ep} 为边墙关键点弹塑性位移量（cm）；h 为主厂房高度；λ 为水平向地应力侧压系数；γ 为岩体容重（N/m³）；H 为洞室下埋深（计至主厂房底板）（m）；E 为围岩变形模量（Pa）；a，b，c 均为与洞群几何结构形式和特征相关的回归参数。

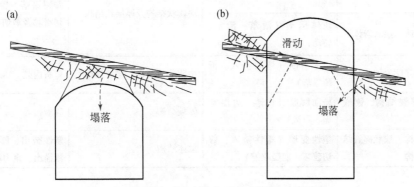

图 1.6 洞室断面尺寸增大后典型围岩破坏模式
(a) 大跨度下的顶拱塌方；(b) 高边墙剪切滑移和块体塌落

对于工程中各个影响因素的权重，学者也做了一些研究。李晓静等（2004）采用层次分析法计算得到了地下洞群围岩稳定关键影响因素的权值，有效实现了将这些因素对稳定性的影响程度数学化。计算分析结果表明，各因素按权值由高至低依次为围岩弹性模量、洞室埋深、侧压系数、洞室高度和洞室间距。

前人针对围岩变形破坏关键影响因素的研究大致分为两类：一类是从工程案例出发，针对具体的变形破坏现象探寻其主要影响因素，并对因素的作用机制和具体影响展开研究；另一类是从具体因素角度出发，有针对性地研究其作用影响。综合诸多研究成果可见，虽然各个工程的布置特性和赋存环境情况千差万别，但在围岩变形破坏关键影响因素方面仍存在一些共性，因此有必要基于大量案例进行总结分析。此外，很多情况下并不是单一因素作用，而是多因素综合作用，因此各因素之间的相互联系和作用也值得进一步研究。

1.3.2 围岩变形破坏模式及力学机理研究现状

正如破坏诱发因素的多样性，地下洞群围岩变形破坏的表现形式也十分多样且复杂，而不同类型的破坏现象意味着不同的处置措施。针对种类繁多的围岩变形破坏模式，准确识别和分类是极为重要的一环，对于机理把握和支护设计都具有重要的意义。

国内外诸多学者对围岩变形破坏模式及力学机理进行了大量研究。20 世纪 80 年代，于学馥（1983）按破坏机制将围岩破坏模式划分为局部落石破坏、拉断破坏、重剪破坏、剪切破坏与复合破坏、岩爆和潮解膨胀破坏六种类型。王思敬（1984）、王思敬和杨志法（1987）根据岩体结构特性和破坏机制将地下洞室脆性围岩破坏分为脆性破裂、块体滑动和脱落、层状弯曲和拱曲、松动解脱、塑性变形五种类型。张倬元等（1994）依据岩体结构类型的划分给出了对应的破坏模式，见表 1.3。

表1.3　两种围岩破坏模式分类体系的对比

王思敬（1984）、王思敬和杨志法（1987）		张倬元等（1994）	
岩体结构	破坏模式	岩体结构	破坏模式
整体状、块状岩体，岩性坚硬	脆性破裂（岩爆、开裂）	块体状结构及厚层状结构	张裂塌落、劈裂塌落、剪切滑移及剪切破碎、岩爆
裂隙块状岩体、层状岩体	块体运动（滑落、滑动、转动）		
薄层及软硬互层岩体	弯曲折断（弯曲挤入、折断塌落）	中薄层状结构、层状结构	弯折内鼓
块状夹泥碎裂结构、镶嵌结构	松动解脱（塌落、边墙垮塌、石流）	碎裂结构	碎裂松动
碎块碎裂结构、层状碎裂结构、松软结构	塑性变形（塑性挤入、剪切破坏、底臌收缩）	散体结构	塑性挤出、膨胀内鼓、塑流涌出、重力坍塌

　　Hoek 和 Brown（1986）考虑岩体的结构和地应力的影响，将围岩破坏分为块体失稳、片帮、岩爆、断层滑动和弯曲破坏等类型。吴跃成（2013）结合现象及成因将地下洞室围岩破坏分为 8 种类型，即膨胀内鼓、岩爆、劈裂剥落、剪切滑移、错动松弛、张裂坍落、弯折内鼓和塑性挤出。

　　由于大型地下洞群赋存环境的复杂性及围岩变形破坏种类的多样性，因此在对洞群围岩破坏模式进行分类时，常常分多个层次进行划分。吴文平等（2011）在研究锦屏 II 级地下洞群深埋硬岩引水隧洞、辅助洞和施工排水洞开挖揭露的破坏现象时，将破坏模式在两个层次上进行划分，共分为 9 种典型破坏模式，如图 1.7 所示。向天兵等（2011）从控制因素、破坏机制和发生条件 3 个层次上对大型地下洞群围岩破坏模式进行分类，归纳总结了 18 种典型破坏模式。

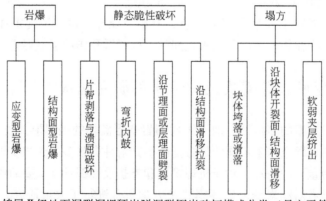

图 1.7　锦屏 II 级地下洞群深埋硬岩隧洞群围岩破坏模式分类（吴文平等，2011）

　　为使地下洞群围岩变形破坏模式的分类更好地应用于工程实践，学者对分类标准和体系进行了优化。董家兴等（2014）从确定针对性调控对策的角度出发，先将工程部位分为顶拱、拱座、边墙、洞室交叉区和岩柱 5 个区域，然后分别对各部位可能发生的破坏模式进行了分类。为便于实际应用，尤其在深部高地应力工程中拥有更好的适用性，张传庆等

（2018）提出的围岩破坏模式分类体系以围岩工程地质条件评价和地应力水平评价为基础，综合考虑了岩体结构类型、完整程度、岩质类型、围岩级别和地应力因素，对围岩潜在破坏模式做出了更为详细的划分。

围岩变形破坏力学机理是地下洞室围岩稳定研究的关键内容。研究围岩变形破坏机理，有助于揭示围岩从稳定状态到破坏失稳的整个变化过程，从而为灾变防控和处置提供依据。张晓科等（2006）将围岩变形破坏机制分为本质型变形破坏机制和现象描述型变形破坏机制两类。前者包括应力释放与围岩回弹、完全塑性区破坏、塑性楔体、结构性流变和围岩膨胀，后者属于机制的外在表现，并不能反映破坏的本质，因此严格意义上来说并不能作为围岩变形破坏的机制。

结合实际工程案例，学者对围岩变形破坏的力学机理做了大量的研究。卢波等（2010）探讨了锦屏Ⅰ级地下洞群主厂房、主变室的拱腰、拱座和边墙及母线洞侧墙等部位变形开裂机制，将其归为典型的高应力、低强度应力比情况下围岩卸荷变形破坏。李志鹏等（2017）的研究发现，猴子岩地下洞群围岩破坏类型主要为应力驱动型破坏，包括张开碎裂、剥离、板裂、岩爆、剪切破坏等表现形式，可归纳为拉张破裂、张剪破裂和剪切破裂三种力学机制。段淑倩等（2017）分析了白鹤滩地下洞群含错动带岩体多种破坏模式的作用机理，包括塑性挤出型拉伸破坏、结构应力型塌方和剪切滑移破坏（图 1.8）等。李昂等（2017）基于微震监测和离散元数值分析，揭示了乌东德右岸主厂房下游拱座围岩破坏现象的形成机制。费文平等（2012）将大岗山地下洞群施工期主变室围岩大变形破坏模式总结为两种，从地质、地应力、施

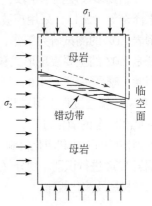

图 1.8 含错动带围岩剪切滑移破坏机制示意图（段淑倩等，2017）

工扰动、开挖支护进度与强度等多个方面对洞室围岩大变形机制进行了探讨。

1.3.3 围岩卸荷损伤及演化规律研究现状

地下洞室的开挖卸荷使得周围一定范围内岩体应力场产生强烈扰动，导致围岩力学性质发生明显变化，包括围岩变形、裂隙张开和松弛、声波波速下降和物理力学参数改变等现象，此时围岩发生了卸荷损伤，发生区域可称为开挖损伤区（excavation damaged zone，EDZ）（戴峰等，2015）。

针对围岩卸荷损伤，国内外学者做了大量研究，而且对于损伤区的定义说法不一，存在围岩松动圈、扰动区、塑性区、损伤区和 EDZ 多种术语（李志鹏，2016）。国外比较有代表性的理论有松动裂隙学说、破碎区图示学说和不连续学说。国内方面，董方庭等（1994）较早地将围岩中发展的破裂区定义为松动圈，并提出了以松动圈厚度为指标的支护岩石分类方法、支护机制解释和支护参数确定方法，称为松动圈支护理论。李宁等（2006）在进行洞室围岩弹塑性反演的过程中，将松动圈看作具有不同力学参数的多层结构模型，提出一种考虑围岩松动圈的弹塑性位移反分析新方法。凌建明和刘尧军（1998）

在围岩失稳力学机理分析和岩体损伤破坏试验结果的基础上，应用"损伤破坏表面"的概念和各向异性损伤力学理论，提出了卸荷条件下地下洞室围岩稳定性分析的损伤力学方法，并在实际工程中得到成功应用。王嵩（2017）基于大量工程实例，提出洞室的开挖卸荷使得围岩力学参数发生劣化，通过室内岩石损伤试验，借助声发射技术研究了岩石损伤破坏过程及损伤特性，并对洞室围岩卸荷损伤破坏机理做出总结。张宏博等（2007）利用岩石三轴仪，通过卸除围压并追踪轴压随之减小的试验方法，详细探讨了岩石在不同卸荷应力路径下的变形与破坏特征。黄润秋和黄达（2008）结合三峡工程右岸地下厂房围岩应力环境，对其开挖区花岗岩进行卸荷试验，研究了岩石卸荷过程中力学参数变化和破坏特征。

借助多尺度技术手段，许多学者对大型地下洞群施工过程中围岩卸荷损伤进行了研究。朱泽奇等（2013）采用声波、钻孔弹性模量和钻孔摄像等手段对大岗山地下洞群进行了围岩 EDZ 的测试研究工作，将 EDZ 分为卸荷损伤区和卸荷影响区，并且指出围岩内裂隙张开是 EDZ 的主要表现形式和形成原因而不是卸荷损伤区岩体力学性质下降的唯一原因或主要因素。李邵军等（2010）利用数字钻孔摄像技术对锦屏Ⅱ级引水隧洞全断面硬岩隧道掘进机（TBM）掘进过程中围岩开挖损伤区进行原位测试分析，得到开挖全过程中围岩裂隙的产生、发展和闭合的演化过程，分析了开挖损伤区范围、裂隙演化与 TBM 施工的关系，并探讨了开挖损伤区的形成和演化机制。戴峰等（2015）综合常规测试和微震监测技术对猴子岩地下洞群围岩 EDZ 进行识别、划分（图1.9），探讨了 EDZ 分布范围和损伤劣化特征，揭示了围岩损伤力学机制及演化规律。

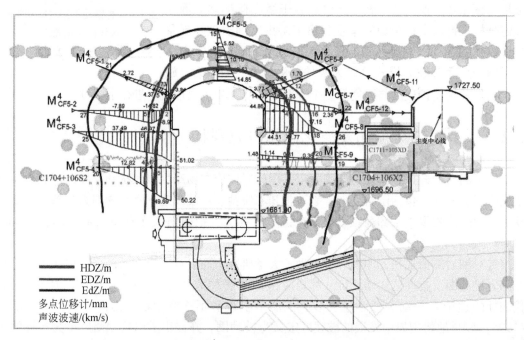

图 1.9 猴子岩地下厂房 4# 机组中心线剖面开挖损伤区范围示意图（戴峰等，2015）

HDZ 为强开挖损伤区，EDZ 为开挖损伤区，EdZ 为开挖扰动区

1.3.4　围岩变形破坏时空演化规律研究现状

地下洞室的失稳破坏往往是洞周岩体的应力超过其破坏强度或者变形过大所致，而洞室开挖过程的时空性和岩体本身的流变性使得地下洞室围岩的应力分布和变形具有一定的时效性（程丽娟等，2011）。施工开挖期间，围岩位移在地质条件及施工因素的共同作用下，位移量级及空间分布呈现一定的特征规律。地下厂房采用分层分序开挖，先开挖顶拱，开挖高宽比小，呈现为两边宽，深度小，此时的变形破坏以顶拱为主，经常会发生掉块的现象，然后逐层下挖，使得开挖面逐渐远离顶拱，越到下层，开挖高宽比越大，呈现为开挖宽度小，深度大的状况，此时的变形破坏主要集中在高边墙部位。此外，地下厂房的变形随着每一步分层开挖的进行呈台阶状发展，许多学者针对这种现象进行了深入研究。

黄秋香等（2014）针对玄武岩岩体施工期围岩的变形、稳定问题，以一赋存于玄武岩岩体中水电站大型地下厂房为背景，以其三大洞室为研究对象，根据开挖施工期围岩位移监测成果，三大洞室围岩位移量级分布图见图 1.10，可以发现主厂房小于 10mm 的位移测点占总测点的 56.14%，大于 20mm 的测点占 19.29%，而主变室、尾调室的位移小于 10mm 的位移测点分别占总测点的 70%、80.56%，大于 20mm 的测点占比很小，三大洞室的顶拱围岩整体变形较小，各监测部位位移均在 10mm 以内，位移量大的部位主要分布在主厂房和主变室的边墙部位，主厂房发生在岩锚梁下部，最大位移为 46.9mm，主变室下游边墙累计位移达到 53.2mm。

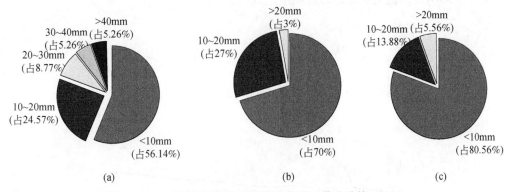

图 1.10　三大洞室围岩位移量级分布图（黄秋香等，2014）

(a) 主厂房；(b) 主变室；(c) 尾调室

令狐克海等（2010）通过对瀑布沟水电站地下厂房施工期安全监测资料的综合分析，发现地下厂房的围岩变形一般为松弛变形，变形较大值集中在上下游岩锚梁附近，实测最大变形值为 77.39mm，最大变形速率为 3.27mm/d；厂房上下游侧围岩变形相差不大，顶拱变形值较小；当厂房附近有高强度开挖时，其变化曲线具有"台阶"状的特征，当附近没有进行施工时，变形处于平缓状态，变形、应力变化具有明显的相关协调性，且与施工进度存在密切联系。

李桂林和吴思浩（2011）为了保障大岗山地下水电站开挖的顺利进行，对主副厂房及安装间、主变室、尾调室进行了安全监测。对围岩监测资料的分析表明：主厂房上游边墙松弛变形较大，孔口累计位移30.3mm；主变室下游拱肩处位移量较大，达到24.5mm，与岩脉地质条件有关；尾调室（2#机组中心线附近），顶拱、上下游边墙变位量适中，为4.1~14.9mm。从变形趋势特征看，三大洞室的围岩变形以"开挖空间效应"为主，随着洞室群的分层爆破开挖，大部分围岩变形趋势表现为"台阶状"；在辉绿岩脉较发育、节理裂隙较多的部位，围岩变形表现出一定的时间效应，当该部位处于开挖停顿期时，多点变位计仍以小幅增量趋势变化。

樊启祥等（2011）在向家坝水电站大型地下厂房洞群的施工过程中，建立了设计、科研、施工一体化的实时监测动态分析反馈系统。系统监测表明，顶拱中心线围岩表层出现三个位移增量台阶，与主厂房第一层"中导洞开挖、中导洞两侧扩挖及两侧边墙扩挖"的3个开挖次序相对应，顶拱围岩的绝大部分变形发生于顶拱层开挖期间，开挖完成后，主厂房围岩变形总体趋于稳定，围岩表面或浅表部变形最大，由表及里沿围岩深度变形呈递减分布，位于山体内的围岩变形相对最小，靠近岸坡的围岩变形最大，这与围岩所处的地质条件相吻合。

彭琦等（2007）以施工期变形监测资料为基础，结合地质和施工资料，对地下厂房的围岩变形特征及其机制进行分析。结果表明：围岩变形的空间分布受结构面控制作用明显，不论在水平方向、垂直方向，还是钻孔深度方面，由于结构面的存在变形均可能出现分异现象。如下游边墙某一断面的孔口变形–时间曲线（图1.11），位于岩锚梁部位的M_{1-2}监测位移增量比拱肩部位的M_{1-1}大35mm，造成该差异的部分原因是M_{1-2}距离开挖面近，受开挖影响大，但主要还是岩脉断层造成的。

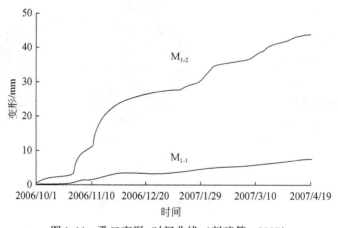

图1.11　孔口变形–时间曲线（彭琦等，2007）

李志鹏等（2014）结合猴子岩地下厂房洞群的地质、监测、检测及施工资料对施工期围岩的变形与破坏特征进行分析，结果表明：主厂房、主变室和尾调室围岩位移大于50mm的测点分别占17.2%、27.3%和9.4%，三大洞室围岩变形均处于较大水平，远超其他水电站同期水平；从位移空间分布规律来看，围岩位移沿洞室四周的分布极不均匀，主厂房上下游岩锚梁附近围岩位移量级普遍偏大，其中上游侧位移量级为23.42~51.57mm，下游侧为26.99~83.62mm，围岩变形的不协调，从而导致岩锚梁出现多处开裂、错动现象；主变室上游侧位移量级为 50~130mm，下游侧位移量级为 30~70mm，主变室围岩出现上游侧变形大于下游侧的变形特征与邻近洞室开挖引起的"群洞效应"密切相关；尾调室岩体质量较好，围岩的位移量级为 30~70mm，围岩位移大小与松弛深度呈正相关。

1.4　主要内容及技术架构

大型地下洞群围岩变形破坏问题显著，灾变过程及作用机理十分复杂。基于前人相关研究成果及锦屏Ⅰ级、猴子岩和白鹤滩等水电站大型地下洞群工程资料，运用文献资料总结、现场调查、原位监测、理论研究、数值模拟和高新技术等方法手段对洞群围岩变形破坏时空动态响应特征和机理进行研究，主要研究内容如下：

（1）大型地下洞群围岩变形破坏关键影响因素研究。通过查阅大量国内外关于地下洞室围岩变形破坏的相关资料，对围岩变形破坏现象的诱发因素进行统计分析，并根据各因素的重要性和影响程度分析确定关键影响因素。

（2）大型地下洞群围岩变形破坏模式及机理研究。根据控制性因素及作用机理，对围岩变形破坏模式进行分类，并阐述各模式的力学响应机理。在此基础上，结合实际工程案例中的破坏现象，对围岩变形破坏模式及作用机理进行分析。

（3）地下洞群围岩卸荷损伤演化规律研究。基于断裂力学理论，分析洞群围岩开挖卸荷损伤的基本原理。运用多尺度原位监测手段，对洞群围岩卸荷损伤特征及演化规律进行总结，并分析卸荷损伤作用机理。

（4）地下洞群关键部位围岩变形破坏特性研究。基于典型工程原位监测资料，对顶拱、岩锚梁、岩柱和洞群交叉等关键部位围岩变形破坏及动态响应特性进行分析。

（5）地下洞群围岩变形破坏时空演化规律研究。针对围岩大变形破坏，分析其时空演化规律和演化机理。

（6）高新技术在洞群围岩变形破坏中的应用研究。分析探讨三维激光扫描技术在地下洞群施工过程中围岩超欠挖测量、衬砌断面体型监测及危岩体排查等多个方面的应用。

技术研究路线见图 1.12。

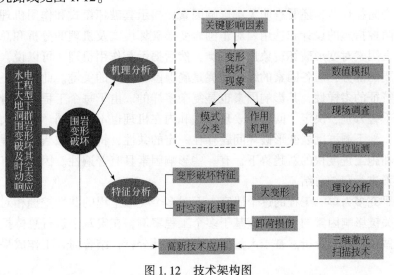

图 1.12　技术架构图

第2章 围岩变形破坏关键影响因素

2.1 概　　述

地下洞室在开挖之前，岩体处于复杂的初始应力平衡状态。当洞室开挖之后，洞室周围的应力平衡状态遭到破坏，使得一定范围内的岩体中应力重新分布，通常将此范围内的岩体称为"围岩"。若局部的重分布应力超过了围岩强度，或者引起了围岩的过分变形，则该部位围岩将会发生失稳或破坏（邵国建等，2003；邵洁，2016）。近年来，随着国内众多水电工程大型地下洞群的开工建设，很多围岩变形破坏问题不断涌现，成为制约地下洞群施工安全和经济的重要问题（图2.1）。

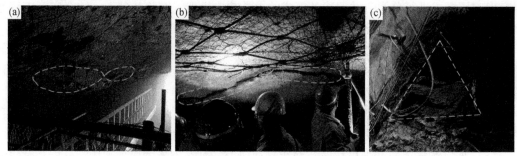

图2.1　白鹤滩主厂房施工期围岩变形破坏现象

（a）顶拱掉块；（b）顶拱喷层开裂；（c）引水下平段与厂房交叉洞口塌块

研究地下洞群围岩的变形破坏问题，首先应从其关键的影响因素入手，从根源上进行把握。在地下洞群的初步设计中，涉及对影响因素的综合评估，旨在避免围岩破坏和失稳。到了灾变防控环节，还要查明关键影响因素，揭示其破坏模式和作用机理，从而对症下药，确定防控措施的设计和选用。对于围岩变形破坏模式及机理的分析和总结，也是基于主要的诱发因素对变形破坏现象进行分类，然后揭示其作用机理。可以说，影响因素分析是至关重要的部分，对各因素的综合把握是确保围岩稳定的关键。此外，正如围岩变形破坏模式及特征的多样性，其影响因素也是复杂多样的。由于每个工程的自身特点及地质条件等因素千差万别，决定了问题的表现形式和内在机理也不尽相同。但对大量工程案例的分析发现，地下洞群围岩变形破坏问题存在一定的共性，特别是在当前工程规模大、地质条件复杂和施工进度快的新趋势下，有一些影响因素具有普遍性。因此，有必要对这些关键影响因素进行归纳总结。

前人的研究多为单一工程的逐个研究，而对多个类似工程的共性挖掘相对较少。对围岩变形破坏关键影响因素的分析，应基于多个工程案例，在宏观上进行总体把握、归纳总结，而不是做单一案例分析。基于大量工程实例统计分析，结合前人工作成果，笔者将围岩变形破坏的关键影响因素总结为洞群布置及结构特征、岩体工程地质特性、地应力场和施工因素四大类。本章将对这四类关键影响因素展开分析。

2.2　洞群布置及结构特征

地下洞群的规模、尺寸和布置与初始地应力共同决定了洞室开挖后围岩二次应力场分布在空间上的基本格局，而二次应力，则是围岩稳定与否的直接决定因素（黄润秋等，2011）。洞群布局中主要起作用的属性包括洞室的位置、轴线方向、断面形状及尺寸、高边墙效应和洞室交叉。在地下洞群的初步设计中，就要对这些特性进行综合分析，判定是否能够满足设计要求，以达到洞群围岩稳定、最低破坏可能的目标（Read，2004）。

2.2.1　洞群方位

洞群位置的选择是影响施工及运营期围岩稳定的因素之一。地下洞群所赋存的地质环境往往十分复杂，可能会出现诸如断层、软弱夹层、破碎带等结构，这些结构会增大围岩变形破坏风险，对围岩稳定不利，在选择洞室位置时应尽量避免，确实无法避开时应尽量选择减小其不利影响的位置以及方向。而且周围岩体的特性也有影响，如较差的岩体质量就不利于地下厂房的开挖施工。因此，给洞室选择一个合适的位置对于围岩稳定十分重要。一般来说，地下厂房应选在山体雄厚、完整、稳定的地形上，避免深切沟谷和较大的地形起伏；宜选在具适宜的上覆和侧覆岩体厚度、岩体坚硬完整、水文地质条件简单的部位，应避开区域性断裂、活断层、采空区、强烈风化卸荷岩体、大型喀斯特洞穴、暗河等。厂房系统的隧洞应布置在沿线地质构造简单、岩体完整稳定、水文地质条件有利及施工方便的地区；隧洞沿线遇有断裂构造、不利构造带、软弱带、蚀变带、膨胀岩等时，应考虑地下水活动对围岩稳定的影响；隧洞宜避开可能造成地表水强补给的冲沟和强岩溶地区。隧洞通过较大地质构造带时，应根据不利构造及其组合对隧洞围岩稳定的影响程度，并考虑施工、运行、工期、投资等各种因素，通过技术经济比较后确定。

除了位置，洞室方向的选择也对围岩稳定有影响。这主要是指轴线方向的选取，主要考虑该方向与初始地应力方向的关系，以及所选方向与不良地质的接触两个方面。一般来说，在高地应力区，地下厂房轴向与厂房区域围岩初始地应力最大主应力方向的夹角不宜大于30°。这是因为当围岩中的最大主应力方向与洞室轴线近于正交时，该应力状态对洞室围岩稳定较为不利；而当围岩中的最大主应力与洞室轴线平行或小角度相交时，对洞室围岩稳定较为有利。如图2.2中锦屏Ⅰ级地下厂房的布置，其主厂房轴线（方位N65°W）与最大主应力方向的平均夹角约为16.3°，夹角较小。另外，厂房轴线宜与断层及主要裂隙走向具有较大夹角，其夹角不宜小于60°。在喀斯特发育地段，厂房轴线的确定还应考虑避开喀斯特大型洞穴管道。水工隧洞轴线与岩层、构造断裂面及主要软弱带走向也宜有较大的交角；在高地应力区，洞室轴线方向宜与最大水平地应力方向有较小的交角〔如《水利水电工程地下建筑物工程地质勘察技术规程》（DL/T 5415—2009）、《人工隧洞设计规范》（SL 279-2016）〕。

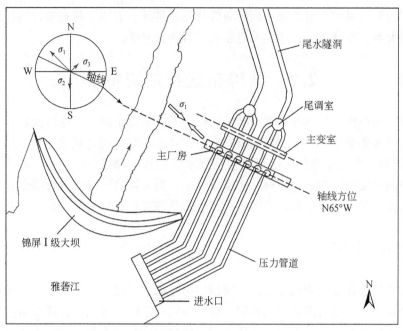

图 2.2　锦屏 I 级地下厂房布置图

洞室轴线与初始地应力间不同的方向关系，本质上决定了洞室开挖后重分布应力的不同状态，这对于围岩稳定会产生不同的影响。张宜虎等（2010）通过不同初始平面大主应力方向下洞室开挖的数值模拟计算，发现随着初始地应力中的大主应力与洞室轴线交角增大，掌子面顶拱观测点处的重分布平面最大主应力 σ_{max} 与应力差 $\sigma_{max}-\sigma_z$ 均增大。σ_{max} 大说明重分布应力量值大，$\sigma_{max}-\sigma_z$ 大说明重分布应力状态差，这两项增大表明片帮破坏发生的概率增大，对洞室围岩稳定不利。这一计算分析过程是基于"初始地应力场中大主应力方向水平"的假定，如若遇到竖直向自重应力大于水平向构造应力的情况，结论可能有所不同。李莉等（2003）基于英格里（Inglis）公式编程计算了多个地下厂房在不同轴线方向下的围岩最大及最小切向应力，并分析切向应力随厂房轴线与最大主应力之间夹角的变化规律，发现对于以构造应力为主的地应力场，厂房轴线与最大主应力之间的夹角在 90°左右时围岩最大切向应力取极大值，夹角为小角度时围岩最大切向应力取较小值，对围岩稳定较为有利，与一般规律类似。但对于以自重应力为主的应力场来说，结论并非如此。像狮子坪地下厂房，围岩最大切向应力并非在 $\alpha_1=0°$ 附近取得极小值，而且最大切向应力也并非在 90°左右取得，而是在 156°时取得。李曼等（2011）通过弹性力学理论解析计算的手段，发现初始地应力以自重应力为主时，洞室轴线方向宜与最小主应力方向一致或呈小角度相交，以水平应力为主时洞室轴线方向宜与最大水平主应力方向一致或呈小角度相交。可见，洞室轴线方向选定对围岩稳定的影响，也与实际的地应力状态有关，对于以自重应力为主和以构造应力为主的应力场影响是不同的。

而洞室轴线与初始地应力间不同的方向关系，对洞室不同部位的影响也有所不同。王俊奇（2006）提出，洞室轴线与最大主应力平行时，虽然洞室顶底板塑性区较小，但边墙部位塑性区较大，若存在不利的地质构造，边墙部位的危险性将加大；洞室轴线与最大主应力方向垂直时，洞室顶底板塑性区增大，而边墙部位塑性区减小，这种不利于顶底板的应力状态反而对边墙的稳定有利。可见这两种地应力方向难以兼顾边墙和顶底板，工程中还应结合实际的设计要求，以及地质构造因素综合分析做出决策。像乌江东风水电站地下厂房区初始应力场以构造应力为主，厂房轴线与最大主应力近乎正交，理论上本不利于围岩稳定，但鉴于引水道布置的考虑，以及使厂房轴线与岩层走向、最差一组节理面呈较大交角，并且有限元计算分析发现中等量级地应力的影响有限，因此最终仍选用该厂房布置方案。而实际的监测结果显示，围岩的变形状况并不严重，与计算结果较为吻合。可见在地应力量级不高的情况下，若布置上难以兼顾，可不必将最大主应力方向作为厂房轴线选择的决定性因素（何积树，1999）。因此，洞室轴线方向的选定应综合考量实际的地质条件、地应力场及枢纽布置等因素，并非由最大主应力方向单一因素决定，应具体问题具体分析，灵活运用规范及工程经验。

洞室方位的选择，本质上是在间接改变岩体特性和地应力两大因素的影响程度，不同的洞室方位选择对这两大因素的作用起了或放大或缩小的作用。选择一个科学合理的洞室方位能够在一定程度上避免洞室围岩的变形破坏，有效保证工程的施工及运行安全。

2.2.2　洞室断面形状及尺寸

洞室的断面形状及尺寸能够影响围岩稳定。我国地下厂房洞室断面基本采用拱顶直边墙形，我国在 20 世纪建造的地下厂房顶拱矢跨比多为 1/5 ~ 1/3，这种设定会导致拱座部位应力集中。因此，近年来的地下洞室拱形设计倾向于采用顶部为半圆拱，拱端与边墙切线相接，不设拱座，以达到缓解应力集中的目的（徐光黎等，2016）。图 2.3（a）所示的金沙江白鹤滩水电站左岸地下厂房三大洞室就是我国目前最为常用的洞室断面形状。

不同的断面形状对围岩稳定的影响不同。厂房系统的隧洞通常采用拱顶直边墙形或马蹄形，对于拱顶直边墙形断面隧洞，由于其边墙和底板没有弧度，在某些地应力条件下可能会出现拉应力，而马蹄形断面隧洞由于其边墙和底板都具有一定弧度，不容易出现拉应力。像图 2.3（a）中常见的主厂房断面，由于岩锚梁部位有一定程度的突出，该断面形式在岩锚梁突出部位容易出现应力集中现象，若该部位还存在软弱结构面或与母线洞顶拱距离较小等不利情况，则可能产生裂缝。此外，厂房顶拱选择不同拱形，实际效果也会有所差异。像在同一地应力场中的单心圆拱、三心圆拱和椭圆拱三种拱形的洞室断面，计算显示椭圆拱洞室在开挖后围岩的塑性区耗散能最小，即围岩的损伤程度或破坏程度最小，说明椭圆拱对于围岩稳定最为有利（石广斌和李宁，2005）。近年来，国外一些地下厂房采用了马蹄形断面设计，如图 2.3（b）中的日本今市地下电站。这种断面形状能够显著降低应力集中程度，改善围岩的受力状态。监测结果显示，今市地下厂房围岩的位移及松弛深度均处于较低水平（Mizukoshi and Mimaki，1985）。

合理的洞室断面形状可以改善围岩二次应力场，充分发挥围岩的自承能力，并且最大限度地减少围岩的变形破坏，有利于洞室围岩的长期稳定。因此，地下洞室断面形状优化已成为一个重要的研究课题（余学义等，2002；Kong et al.，2018）。而且考虑到当前水电开发面临的较为普遍的高地应力和地质结构复杂多变等诸多不利情况，洞室断面形状的优

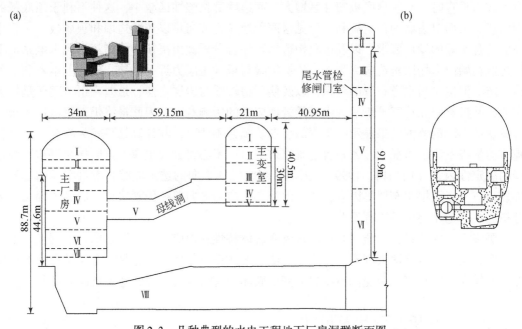

图 2.3　几种典型的水电工程地下厂房洞群断面图
(a) 白鹤滩左岸地下厂房三大洞室断面图；(b) 日本今市地下电站厂房断面图

化显得尤为必要。

　　除了断面形状，洞室的尺寸在一定程度上也会影响围岩的稳定性。在相同的地质环境中开挖不同尺寸的洞室，开挖后围岩的稳定程度可能有所差异，如小跨度的洞室基本稳定，但大跨度洞室可能会发生局部失稳破坏。周建民等（2005）从支护代价和支护力两个角度研究了洞室跨度对围岩稳定的影响。在节理岩体中开挖的 6m 跨度和 12m 跨度的两个洞室，后者围岩中需要处理的不稳定块体体积超过了前者的 4 倍，说明洞室跨度增大降低了围岩的相对完整性，围岩稳定程度变差。对于采用相同支护力的不同跨度洞室，塑性松动区的厚度会随着洞室跨度的增加而增加，即跨度越大，洞室围岩的危险性越大。而且当围岩条件较差时，这种增大愈发显著。当前国内的大型地下厂房中，主厂房跨度基本都在30m 左右，且超过 30m 的也不在少数（表 1.1）。像白鹤滩主厂房顶拱跨度达 34m，为世界上跨度最大的地下厂房，如图 2.3（a）所示，如此大的开挖跨度对施工中顶拱围岩的变形控制提出了很大的挑战。

　　洞室尺寸还包括相邻洞室的间距。相邻洞室的间距如果过小，可能会加剧洞室间岩柱中的应力集中，而且岩柱越薄，其稳定性越差，这对施工及运行安全造成威胁。如二滩地下厂房施工期最大的两次岩爆（1995 年 9 月 8 日和 1996 年 4 月 30 日）均发生于洞室开挖贯通期间。洞群会对地应力产生放大效应，而岩柱厚度越薄放大效应越明显。二滩地下厂房的岩柱厚度仅为 35m，是目前已建地下厂房中最薄的，这加剧了岩柱的应力集中，导致了岩爆的发生（陈菲等，2015）。至于水工隧洞，如果相邻隧洞的间距过小，围岩在运行期还会有渗透失稳和水力劈裂的危险。而受制于施工成本和洞室选址，间距又不能过大。《水工隧道洞设计规范》（SL 279—2016）指出，相邻洞室之间的岩体厚度不宜小于 2 倍开挖洞径（或洞宽），确因布置需要，经论证岩体厚度可适当减少，但不应小于 1 倍开挖洞径（或洞宽）。在实际工程应用中，洞室间距还应根据布置需要、地质条件、围岩应力和变形情况、洞室断面形状和尺寸、施工方法和运行条件等因素综合分析来确定。例如，卞志兵等（2016）计算分析了某抽水蓄能水电站跨度为 21.5m 的主厂房和 18.15m 的主变室之间间距分别为 35m、40m 和 45m 时围岩的应力、位移和塑性区，发现 40m 间距能够满足围岩稳定要求，相比之下 45m 间距时围岩稳定性并没有得到特别有效的提高，因此综合考虑经济成本应选择 40m 间距较为合适。

2.2.3　高边墙效应

近年来由于我国经济实力显著增强、施工技术不断发展，我国水电工程地下洞群的规模迅速增大。无论是洞室总体的开挖量，还是洞室断面的高度和跨度，均处于世界领先水平。在这种以大跨度、高边墙（图 2.4）为特征的大型地下厂房的施工过程中，高边墙问题显得非常突出和严峻。所谓高边墙效应就是，由于大型地下厂房的不断下挖形成高边墙，边墙围岩向开挖临空面产生较大的回弹变形，围岩内部产生拉裂缝，围岩稳定性遭到破坏。由表 1.1 可知，当前国内的大型地下厂房最大开挖高度均在 60m 以上，更有甚者超过了 88m，如此高的边墙，施工中围岩稳定和变形控制成为一大难题。且在高地应力条件下，开挖强卸荷会引发边墙围岩大变形及混凝土喷层开裂等一系列破坏现象（图 2.4）。

图 2.4　地下厂房中的高边墙

通过数值模拟白鹤滩地下厂房的分层开挖过程，可直观呈现高边墙效应的完整演化过程。分层开挖方案见图 2.3（a）。其中，2# 机组中心线附近围岩较为完整，无断层穿过，可选作观测断面，对开挖过程中围岩位移及塑性区的分布进行分析。图 2.5、图 2.6 分别为 2# 机组中心线剖面围岩在不同开挖步骤时的 x 方向位移和最小主应力分布云图。由图 2.5 可见，在第一层开挖完后，主厂房 x 方向最大位移值在 20mm 左右，主变室 x 方向最

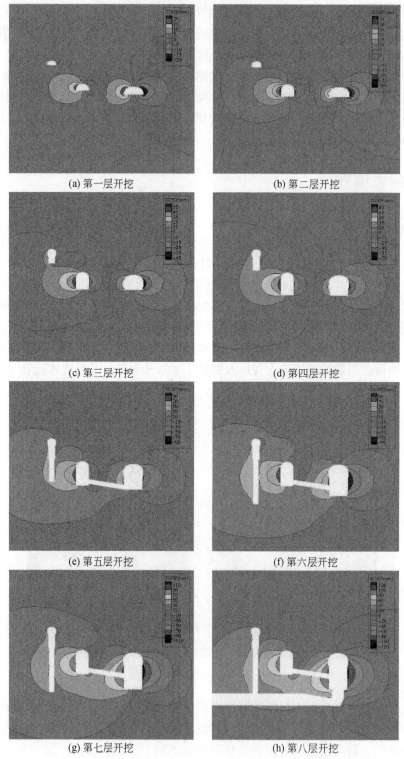

(a) 第一层开挖　　　　　　　　　　(b) 第二层开挖

(c) 第三层开挖　　　　　　　　　　(d) 第四层开挖

(e) 第五层开挖　　　　　　　　　　(f) 第六层开挖

(g) 第七层开挖　　　　　　　　　　(h) 第八层开挖

图 2.5　2#机组中心线剖面在各开挖步骤中 x 方向位移分布图

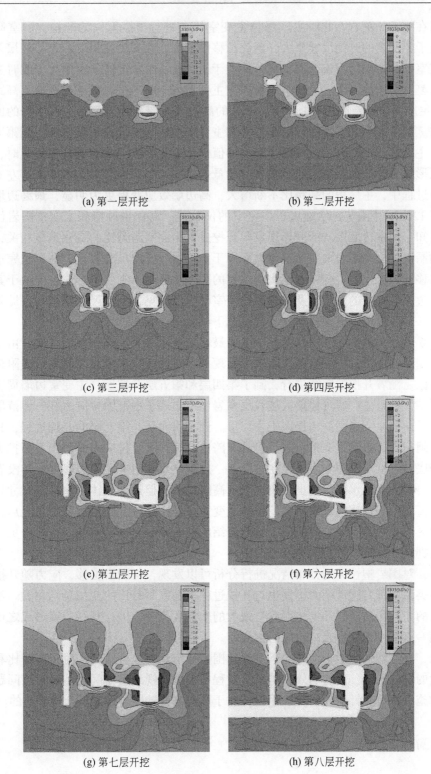

(a) 第一层开挖　　　　　　　　　　　(b) 第二层开挖

(c) 第三层开挖　　　　　　　　　　　(d) 第四层开挖

(e) 第五层开挖　　　　　　　　　　　(f) 第六层开挖

(g) 第七层开挖　　　　　　　　　　　(h) 第八层开挖

图 2.6　2#机组中心线剖面在各开挖步骤中最小主应力分布云图

大位移值在 15mm 左右。此时主厂房与主变室均在进行顶拱部位的开挖，洞室高跨比相近，但由于主厂房的开挖尺寸更大，因此位移值更大。在随后的第二、三、四层开挖过程中，主变室的高边墙已形成，洞室高跨比大于 1，边墙围岩位移不断增大。此时主变室边墙围岩的整体位移值大于主厂房，这是因为主变室先于主厂房形成了高边墙，高跨比超过了 1，而主厂房的高跨比仍在 1 以下，前者的高边墙效应更为明显，边墙围岩的回弹变形更为严重。随着开挖的不断进行，主厂房和主变室的位移值都在不断增加。到第五层开挖完成时，主变室开挖结束，主厂房边墙位移值仍小于主变室。第六层开挖完成时，主厂房高边墙已形成，边墙位移值已达到主变室的量值水平，上下游位移均在 90mm 左右。在后续的开挖过程中，主厂房的高跨比不断增大，高边墙效应变得更为明显，最终边墙的累计位移值在 120mm 左右，已明显大于主变室的位移值。对比主厂房和主变室围岩位移的演化过程可知，洞室边墙围岩的变形现象与开挖过程中洞室高跨比的变化息息相关，先形成高边墙的洞室先出现围岩大变形现象。而由于主厂房的开挖尺寸更大，在开挖完成后的围岩累计位移值也要大于主变室，尾水闸门室的高边墙虽早于主变室形成，但由于其开挖尺寸较小，边墙位移值的变化不及另外两大洞室明显。可见，洞室尺寸也是高边墙效应的先决条件之一，高边墙效应往往出现于大型地下洞室中。

图 2.6 为同一剖面在不同开挖步骤下的最小主应力分布云图。由图可知，由于高边墙区域的开挖卸荷作用，主变室的边墙周围出现了小范围的拉应力区，而主厂房附近尚未出现拉应力区。随着开挖的继续进行，到了第四层和第五层开挖后，主变室边墙周围的拉应力区不断扩大，且主厂房岩锚梁区域浅层围岩中也出现了小范围拉应力区，但范围不及主变室的大，此时主变室高跨比仍大于主厂房。到了第六层、第七层的开挖过程，只有主厂房和尾水闸门室仍在继续下挖，主厂房的高跨比持续增大，拉应力的范围不断扩大，几乎从拱脚到底板附近浅层围岩中均存在拉应力。反观尾水闸门室的高边墙区域却没有拉应力出现，主要是因为尾水闸门室虽然边墙高、高跨比大，但是其整体洞室开挖尺寸较小，所以开挖卸荷现象不及规模更大的主厂房和主变室显著。在整个开挖过程结束之后，主厂房的拉应力区明显大于主变室，类似于前面介绍的两者累计位移的差异，主厂房更大的尺寸决定了其拥有更大范围的拉应力区。

此外，对围岩塑性区的分布情况进行分析可以发现，与围岩位移、应力随开挖步骤的演化规律类似，围岩塑性区的扩展也与开挖过程中洞室高跨比的变化息息相关。虽然洞室尺寸更大的主厂房在洞群开挖结束后有最大的塑性区范围，但在其高边墙形成之前，其塑性区范围一直都小于先形成高边墙的主变室。

可见，高边墙效应对于大型地下洞群的围岩稳定具有显著影响。对于高跨比和断面尺寸均较大的厂房洞室，高边墙效应是施工过程中不可忽视的重要问题。针对该问题设计科学合理的施工方法及针对性的支护手段，对于厂房洞群的围岩稳定是十分必要的。

2.2.4　洞室交叉

水电站地下厂房规模宏大，结构复杂，包含主厂房、主变室、尾水闸门室、引水洞、尾水洞、母线洞、出线洞、交通洞、施工支洞等诸多洞室，各洞室间平面相贯、立体交叉，从而形成以三大主要洞室为中心相互连接的地下洞群，如图 2.7 中的白鹤滩左岸地下厂房洞群。而位于洞室交叉连接部位的围岩，由于拥有多个临空面，因此相比其他部位单一临空面的围岩更为特殊。这种特殊的结构形式赋予其特殊的开挖动态响应特性，在开挖过程中将面临更大变形破坏的可能。因此对于大型地下洞群的围岩稳定来说，洞室之间的交叉也是一个重要的影响因素，交叉部位多面临空围岩的稳定性问题显得尤为突出。

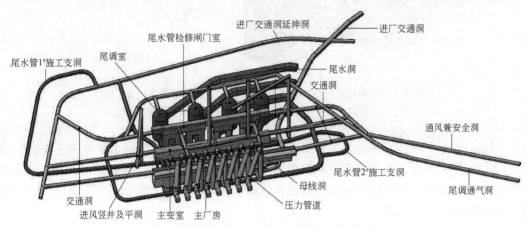

图 2.7　白鹤滩左岸地下厂房洞群三维透视图

　　白鹤滩主厂房与母线洞的交叉部位就是一个典型例子。如图 2.8（a）所示，主厂房下游边墙与母线洞交叉相连，此处围岩为多面临空围岩，而上游边墙不存在交叉，为单面临空围岩。分别对白鹤滩主厂房上下游两侧不同部位（顶拱、岩锚梁和边墙）的实测位移值及位移变化率进行统计，沿厂房轴线方向分别求其平均值。由于不同部位多点位移计的布设时间不一致，故选择位移变化率进行分析，即实测累计位移除以监测时长，表征围岩的变形速率。顶拱、边墙及岩锚梁上下游两侧沿厂房轴线的平均位移值及平均位移率如图 2.8（b）所示。由图可知，对于主厂房的不同部位，无论是位移还是位移率，下游侧的均值均大于上游侧。下游边墙和上游边墙的位移率均值分别为 0.238mm/d 和 0.125mm/d，前者几乎大了后者一倍。0.238mm/d 的平均日位移已属较大水平，若不及时控制将会发生围岩大变形，而且下游边墙已有多个测点出现了大变形现象。岩锚梁和顶拱方面，下游位移率均值也是大于上游位移率均值，但两侧差距较边墙更小，且位移率均值的整体量值也小于边墙。

　　分析可知，下游边墙与母线洞交叉相接，另一端与主变室相连，使得主厂房与主变室之间的岩柱存在前后左右四个临空面。开挖过程导致围岩应力重分布，围岩向临空面卸荷，而下游侧的岩柱由于存在多个临空面，其卸荷要比上游侧岩柱更为剧烈。更强的卸荷使得边墙回弹变形更大，这直接导致下游边墙的变形速率明显大于上游边墙。最终下游边墙整体平均变形量级大于上游侧，且大于顶拱和岩锚梁。可见，洞室交叉部位围岩应力调整更为剧烈，使得围岩变形速率更大，产生大变形的风险，影响洞室稳定（Wang et al.，2019）。

　　洞室交叉部位的围岩变形大于其他部位围岩的现象，在其他大型地下洞群中也有出现，成为较为普遍的现象（李志鹏等，2014；刘永波等，2016）。除了主厂房与母线洞的

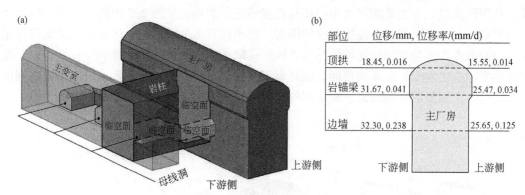

图 2.8　白鹤滩主厂房与母线洞交叉部位多面临空围岩（a）和
厂房不同部位沿轴线方向的平均位移值及平均位移率（b）

交叉部位，地下洞群还有许多交叉，如主厂房与引水隧洞的交叉、尾水管与施工支洞的交叉、交通洞的交叉等，虽然洞室尺寸和交叉洞室的数量有所不同，但或多或少地会面临围岩稳定问题，制约工程的施工安全。因此在洞群围岩稳定方面，洞室交叉洞室已成为一个不可忽视的重要影响因素。

2.3　岩体工程地质特性

相比其他因素，岩体特性和地应力场是洞室围岩稳定最为根本的两个影响因素。地下工程选址一经确定，所赋存环境的工程地质特性和地应力场均无法更改，只能通过调整其他因素间接地改变这两个因素的影响。岩体具有诸多特性，包括物理性质、力学性质、水理性质及结构特性等，而强度特性和结构特性对洞群围岩稳定的影响最为重要。

2.3.1　强度特性

岩体的强度特性对于洞室围岩稳定非常重要。岩体的强度指岩体抵抗外力破坏的能力，在洞室开挖应力调整过程中，若实际的岩体内部应力大于其强度值时，围岩将会发生变形破坏。地下洞群的位置一般选择在坚硬完整的岩体中。这是因为坚硬完整的岩体，开挖后围岩一般是稳定的，有利于开挖的效率及安全。国内近年来的大型地下洞群尽量选择了强度较高的围岩，如溪洛渡为饱和单轴抗压强度为 155～179MPa 的玄武岩，官地为 130～206MPa 的玄武岩（申艳军等，2014）。若在软弱、破碎、松散的岩体中开挖，洞室顶板易坍塌，边墙及底板易发生鼓胀挤出，需边开挖、边支护或超前支护，工期长、造价高，还会面临施工安全风险。强度较低的岩石（如软岩），被国际岩石力学学会认定为单轴抗压强度小于 25MPa 的一类岩石（ISRM，1981），因其力学强度低、变形大、难支护的特性，在实际工程建设中带来了不少麻烦。例如，广干高速上的很多软岩隧道都遭遇了大变形和塌方，给建设带来了很大风险（Wang et al.，2016）。水电工程如地质条件较差的水布垭地下厂房，其第二层、第三层即为软岩区，两侧边墙的岩体进行混凝土置换才能进行厂房主体爆破开挖，以确保厂房施工安全（张梦宇等，2005；Wu et al., 2011）。

实际工程中，单一考虑强度特性意义较小，一般考虑岩石强度与地应力二者量值的相对大小关系，常用强度应力比来表示。这是由于脱离实际的地应力水平来讨论岩石强度是没有现实意义的，围岩最终失稳的判据还是应力超过了强度值。此外，岩石与岩体是两个不同的概念，岩体中由于存在裂隙、节理、层理、断层等结构面，因此岩体的强度并不能等同于岩石的强度，而是由岩石强度和结构面强度共同决定。像结构面不发育、完整性好的岩体，其强度即为岩石强度；但如果岩体沿某一结构面发生了整体滑动，则岩体强度完全取决于结构面的强度。实际工程中，在不同的地质环境下，岩石强度和结构面强度所起的作用有所不同。

2.3.2 结构特性

岩体由结构面和结构体两部分组成。结构面也称为不连续面，是一些具有一定方向、延展较广、厚度较薄的二维地质界面，包括层面、沉积间断面、节理、断层和厚度较薄的软弱夹层等。结构面在空间上形成不同组合，将岩体切割成不同形状和大小的块体，即为结构体。岩体的结构特性，指的就是岩体中结构面和结构体的形状、规模、性质及其组合关系的特性。在这些结构面中，包括断层、节理裂隙和破碎带在内的断裂结构对地下洞群围岩的变形破坏有很大的影响。

断裂结构破坏了岩体的完整性和连续性，使岩体强度及稳定性降低，而且为地下水提供渗流通道，最终会导致地下洞群在建设过程中围岩发生变形和破坏。断层破碎带及断层交汇处，围岩稳定性极差，地下工程施工中若遭遇大规模断层往往会发生塌方甚至冒顶。当岩体开挖卸荷时，岩体内部的节理裂隙尖端很容易产生应力集中，导致节理裂隙扩展贯通，最终导致围岩的卸荷损伤和大变形破坏。岩体中节理的发育程度和节理方向还会极大影响地下洞室围岩的变形破坏模式。若岩体中的节理发育程度较低，岩体较为完整，且附近没有断层或者软弱结构面经过时，依据地应力大小和方向的不同可能会出现岩爆或者压致劈裂、板裂破坏；若岩石中主要为一组平行节理时，洞室围岩的变形破坏类型主要为沿节理面的剪切变形破坏；若岩石中存在两组以较大角度相交的节理时，洞室围岩就可能会出现塌方掉块等破坏现象。围岩在结构面交切组合作用下发生块体滑移及塌落破坏是非常普遍的现象。节理的走向、倾角、连通率也会对洞室稳定产生影响，在实际工程中走向倾角与洞室轴线方向的关系也是影响洞室稳定的一个重要考量因素（Kim et al., 2007；崔冠英，2008）。

实际工程中，因断裂结构导致围岩变形破坏的例子不胜枚举。拉西瓦、百色和索风营地下厂房顶拱均因结构面发育出现了结构面交叉切割形成的不稳定块体，索风营顶拱局部还出现了掉块现象（李攀峰，2004；张奇华，2004；吴述彧，2005）。在次级小断层、挤压破碎带及节理裂隙发育的猴子岩地下厂房区，由此引发的围岩变形破坏现象也很明显。岩锚梁部位的监测结果显示，由于下游侧围岩存在较多挤压破碎带、结构破裂，下游岩锚梁及下侧边墙的位移明显大于上游，且上游岩锚梁裂缝最大为 0.95mm，而下游最大达 5.2mm（徐富刚等，2015）。主厂房边墙受不良结构面影响也出现了破坏现象，如图 2.9

所示。由于下游边墙围岩被许多交错的结构面切割破碎，在开挖过程中应力沿着第二主应力方向释放导致下游岩台处拉应力集中，在拉应力作用下出现了间歇性断裂和块体滑动。这种拉致断裂滑动是岩体结构和地应力两个因素导致的（Li et al., 2017b）。

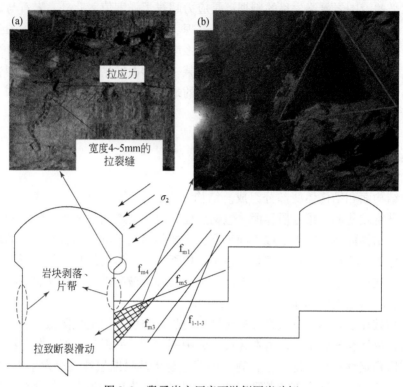

图 2.9　猴子岩主厂房下游侧围岩破坏

（a）下游岩台拉裂缝；（b）下游边墙拉致断裂滑动

　　锦屏 I 级水电站地下厂房区岩体受构造影响较强，断层、层间挤压错动带、节理裂隙等构造结构面较发育，由此也引发了一些变形破坏现象。据地质勘探结果，主要发育有NE 向的 F_{13}、F_{14}、F_{18} 等断层，以及 NEE 向和 NW—NWW 向的小断层；副厂房和主变室揭露煌斑岩脉，裂隙发育，风化较强，脉体及两侧一定范围内的围岩呈碎裂结构。断层、煌斑岩脉与裂隙组合切割形成不稳定块体。选择断面 K0+31.7m 和 K0+126.8m 的变形监测结果进行比较，后者存在断层 F_{14}、F_{18} 和煌斑岩脉（X），如图 2.10（a）所示。分别在两个断面各选择 13 个测点［图 2.10（a）］，各测点测得围岩变形统计于图 2.10（b）。

　　由图 2.10 可知，存在断层和煌斑岩脉（X）的断面 K0+126.8m 的变形整体上大于围岩完整性较好的断面 K0+31.7m，而且在主变室下游边墙尤为显著。断面 K0+126.8m 受断层 F_{14}、F_{18} 和煌斑岩脉（X）影响，围岩完整性受损，围岩变形整体量级较大，最大变形甚至达到了 236.7mm（测点 12，2010 年 9 月），位于围岩质量较差的主变室下游边墙。此外，F_{18} 断层及煌斑岩脉（X）还导致了第一副厂房段（桩号 K0+185m ~ K0+204m）边墙及端墙围岩的变形破坏。该段断层及岩脉出露部位岩体呈镶嵌–碎裂结构，围岩稳定性差，开挖过程中时有掉块现象。其中桩号 K0+197m ~ K0+204m 段下游边墙有不规则的混凝土

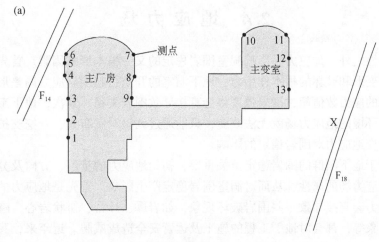

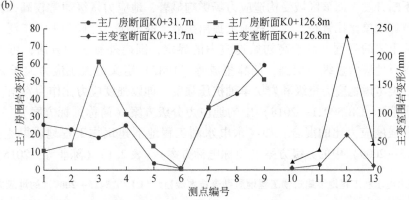

图 2.10　断面 K0+31.7m 和 K0+126.8m 所选测点（a）和各测点围岩变形监测结果（b）

喷层裂缝出现，经加强支护处理后浅层围岩仍有变形（Li et al.，2017a）。

除了上述不良结构面，岩层的产状也会影响洞室的围岩稳定。当岩层走向与洞室轴线垂直时，对洞室围岩稳定较为有利，尤其有利于边墙稳定；不过若岩层较为平缓且节理发育时，洞顶易发生局部岩块坍落现象，洞室顶部常出现阶梯形超挖。当岩层走向与洞室轴线平行时，若岩层较薄，彼此之间联结性差，在开挖洞室（特别是大跨度的洞室）时常发生顶板的坍塌。因此在水平岩层中布置洞室时，应尽量使洞室位于均质厚层的坚硬岩层中（崔冠英，2008）。

岩体的一些特性由于其对洞室围岩稳定的影响，可作为围岩评价和分类的基本依据，而评价和分类则是工程中判断围岩稳定、指导施工及支护设计的普遍方法。在国际上较为通用的是以 Barton 岩体质量 Q 系统分类为代表的综合乘积法分类和以 Bieniawski 地质力学分类（RMR 分类）为代表的和差计分法分类，我国普遍采用的是《水利水电工程地质勘察规范》（GB 50487—2008）中提出的围岩工程地质分类，其基本依据包括岩石强度、岩体完整性系数、结构面状态、地下水和主要结构面产状 5 个因素。

2.4　地应力场

　　除岩体特性之外，地应力是影响洞室围岩稳定的又一根本影响因素。首先，地应力是引起洞室围岩变形和破坏的根本作用力，地下洞室的开挖引起围岩应力调整形成二次应力场，若调整后的应力数值超过围岩强度将会直接导致围岩失稳。其次，地下工程选址一经确定，所赋存环境的地应力场就无法改变，只能通过调整洞室布置、开挖支护设计等其他因素间接地改变地应力对围岩稳定的影响。

　　地应力对于地下洞群的围岩稳定至关重要，初始地应力的量值、方向及分布特性都会通过影响二次应力场的属性，从而对洞室围岩稳定产生影响。首先是地应力的量值，众所周知，高地应力会直接导致一些围岩破坏现象，如岩爆、片帮、饼状岩心、隧洞围岩崩裂及剪切破坏现象等，都会对地下工程的施工及运营安全造成威胁。近年来，我国西南地区水电资源不断开发，而该区域受构造应力场影响显著，地应力量级通常较高，由此引发的围岩变形破坏现象比比皆是，对工程施工提出挑战，高地应力已成为一个广泛关注又对工程安全至关重要的问题。对于高初始地应力的界定，国内外有多种方法，可大致分为三类：一类仅以地应力量级为依据，如薛玺成等（1987）定义最大主应力大于 20MPa 为高地应力；二类考虑地应力量级和岩块单轴抗压强度，即以强度应力比作为判据，如《岩土工程勘察规范》（GB 50021—2018）中的地应力分级方案（简称国标方案）；三类考虑地应力量级和强度应力比的混合，如《水电水利工程地下建筑物工程地质勘查技术规程》（DL/T 5415—2009）中的分级方案（简称电标方案）（表 2.1）（陈菲等，2015）。

表 2.1　《水电水利工程地下建筑物工程地质勘查技术规程》（DL/T 5415—2009）的地应力分级方案

应力 分级	最大主应力量级 σ_1 /MPa	岩石强度应力比 R_b/σ_1	主要现象
极高地应力	$\sigma_1 \geqslant 40$	<2	硬质岩：开挖过程中时有岩爆发生，有岩块弹出，洞壁岩体发生剥离，新生裂缝多；基坑有剥离现象，成形性差；钻孔岩心多有饼化现象。 软质岩：钻孔岩心有饼化现象，开挖过程中洞壁岩体有剥离，位移极为显著，甚至发生大位移，持续时间长，不易成洞；基坑岩体发生卸荷回弹，出现显著隆起或剥离，不易成形
高地应力	$20 \leqslant \sigma_1 < 40$	2~4	硬质岩：开挖过程中可能出现岩爆，洞壁岩体有剥离和掉块现象，新生裂缝较多；基坑时有剥离现象，成形性一般尚好；钻孔岩心时有饼化现象。 软质岩：钻孔岩心有饼化现象，开挖过程中洞壁岩体位移显著，持续时间较长，成洞性差；基坑有隆起现象，成形性较差

应力分级	最大主应力量级 σ_1 /MPa	岩石强度应力比 R_b/σ_1	主要现象
中等地应力	$10 \leqslant \sigma_1 < 20$	$4 \sim 7$	硬质岩：开挖过程洞壁岩体局部有剥离和掉块现象，成洞性尚好；基坑局部有剥离现象，成形性尚好。 软质岩：开挖过程中洞壁岩体局部有位移，成洞性尚好；基坑局部有隆起现象，成形性一般尚好
低地应力	$\sigma_1 < 10$	>7	无上述现象

注：R_b 为岩石饱和单轴抗压强度，MPa；σ_1 为最大主应力，MPa。

依据收集的工程资料（申艳军等，2014），国内部分大型地下厂房洞群地应力分级的统计结果如图 2.11 所示。由图可知，高地应力问题在大型地下洞群中普遍存在，如猴子岩为高地应力，白鹤滩为中—高地应力，个别厂房还面临极高地应力，如锦屏 I 级为高—极高地应力。高地应力、低围岩强度应力比，由此引发的一系列如岩爆、片帮、开裂及大变形等围岩变形破坏现象，仍然给国内大型地下洞群的建设提出严峻挑战。

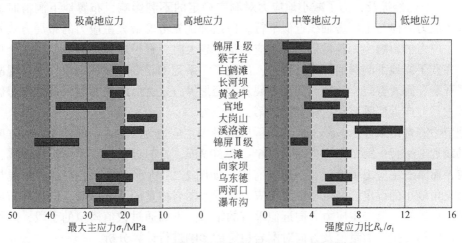

图 2.11　国内部分大型地下洞群地应力分级结果

选取锦屏 I 级、猴子岩和白鹤滩三个分别处于高—极高地应力区、高地应力区和中—高地应力区的工程案例进行分析，对主厂房围岩变形监测数据进行统计，不同量级变形所占比例及测得的最大变形值见图 2.12。由图可知，三个地下厂房的围岩变形总体均为较大水平。锦屏 I 级小于 30mm 的变形虽然最多，占 80.30%，但其大于 50mm 的变形也较多，超过了 10%；猴子岩三个量级的变形所占比例差异最小，但其大于 30mm 和大于 50mm 的变形较多，最大变形最大，整体的变形量级为三个厂房中最大；白鹤滩的变形分布规律较为正常，越大的变形量级占比越小，但其大于 30mm 的变形比例高于锦屏 I 级，为26.23%。由这三个案例来看，地应力水平较高的地下厂房，其围岩变形在同类厂房中也属于较大的水平。

这三大地下洞群按图 2.11 中的地应力分级结果排名，地应力水平递增顺序依次为白鹤滩、猴子岩、锦屏 I 级，但三者中变形最大的反而是猴子岩。从地应力角度来看，猴子

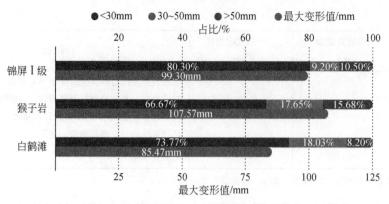

图 2.12   三大洞群主厂房围岩变形统计结果

岩变形最大说明厂房区域最大主应力及由此计算得到的围岩强度应力比并不是围岩大变形的主要决定因素。事实上，猴子岩除了最大主应力较大之外，第二主应力也很大，而且方向与主厂房轴线近似垂直，这在围岩大变形中起到了更为重要的作用。

2.2.1 节已经提及，为了减小地应力对洞室稳定的不利影响，布置地下洞群时通常会使最大主应力方向与主厂房轴线近似平行。但这种优先考虑最大主应力的布局方式就忽略了第二主应力的影响，尤其是当第二主应力量值较大时，猴子岩地下洞群就是一个典型的案例。在猴子岩地下洞群的开挖过程中，出现了一系列围岩变形破坏现象，如喷混凝土层肿胀、开裂、围岩劈裂、片帮、深层断裂及大变形等，这背后的主要原因就是厂房区域内量值较大且方向近似垂直于厂房轴线的第二主应力。

地应力测量结果显示，猴子岩地下厂房区最大主应力为 $21.53 \sim 36.43\text{MPa}$，方向与主厂房轴线近似平行，第二主应力为 $12.06 \sim 29.80\text{MPa}$，方向近似垂直于主厂房轴线，偏向于上游，而第三主应力量值较小，影响有限，如图 2.13 所示。猴子岩主厂房轴线与最大主应力夹角较小的设定能够减小最大主应力对洞室围岩稳定的不利影响，但这种布局方式带来了厂房轴线与第二主应力方向近似垂直的结果。下面通过数值模拟的手段，对猴子岩地下厂房区第二主应力量值及方向对围岩稳定的影响进行计算分析。

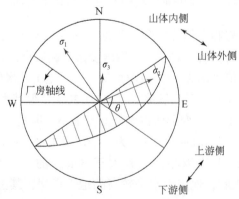

图 2.13   猴子岩地下厂房区主应力方向

猴子岩主厂房计算模型尺寸为 $50\text{m} \times 29.2\text{m} \times 49.5\text{m}$，计算域尺寸为 $50\text{m} \times 325\text{m} \times 300\text{m}$，

共分 6 层进行开挖模拟, 如图 2.14 (a) 所示。取 A、B、C 三条监测线分别代表上游拱肩、下游边墙和下游拱脚, 如图 2.14 (b) 所示。共计算 8 种工况, 各工况参数设定见表 2.2。计算采用广义胡克-布朗失效准则。由于仅研究第二主应力的作用而不考虑节理断层的影响, 故将围岩看作各向同性的连续介质。根据现有的试验测试数据, 围岩的弹性模量 (E) 取 9.1GPa, 泊松比 (ν) 为 0.26, 单轴抗压强度 (UCS) 为 70MPa。围岩变形和重分布应力的计算结果如图 2.15 ~ 图 2.17 所示。

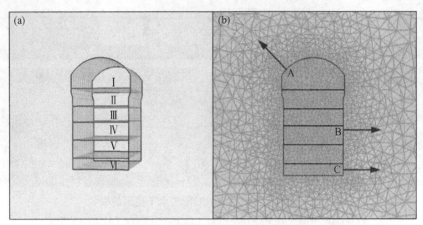

图 2.14　猴子岩主厂房数值计算模型

(a) 三维分层开挖计算模型; (b) 网格划分及监测点选取

表 2.2　8 种计算工况的参数说明

工况		σ_2			σ_1	备注
		值/MPa	θ/(°)	β		
σ_2 方向一定	1	10	75 ($\alpha=44$)	与 θ 的取值及 σ_1 的方向有关	$\sigma_1=25$MPa, $\alpha=309°$, $\beta=45°$	$\sigma_3=5$MPa, 方位角 α 及倾角 β 由 σ_1 及 σ_2 的方向决定
	2	13.5				
	3	16				
	4	20				
σ_2 数值一定	1	20	45 ($\alpha=74$)			
	2		52 ($\alpha=67$)			
	3		60 ($\alpha=59$)			
	4		75 ($\alpha=44$)			

注: θ 为第二主应力方向与主厂房轴线夹角; 第二主应力倾角 β 与 θ 的值及 σ_1 的方向有关; $\sigma_1=25$MPa, 方向 $\alpha=309°$, $\beta=45°$, 均保持不变; $\sigma_3=5$MPa, 方向由 σ_1 及 σ_2 的方向决定

图 2.15 ~ 图 2.17 展示了主厂房围岩第二主应力的值对围岩变形及应力重分布的影响。如图 2.15 所示, 围岩朝向临空面变形, 下游侧边墙变形大于上游侧, 边墙的变形随着第二主应力的增大而增大。如图 2.16 所示, 开挖后应力重新分布, 最大主应力为压应力, 并在上游拱肩和下游拱脚集中, 其值和集中区随着第二主应力的增大而增大; 边墙部位的重分布最大主应力相对较低, 随着第二主应力的增大而减小, 但松弛区的深度会随之增大。如图

2.17 所示，边墙部位的重分布最小主应力为拉应力，下游侧边墙拉应力大于上游侧，且第二主应力越大，拉应力越大。为更直观展现围岩不同部位变形及应力重分布的变化规律，取A、B、C 三条监测线上的重分布应力及变形作函数曲线，如图 2.18、图 2.19 所示。

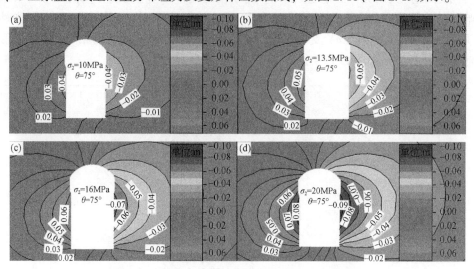

图 2.15　第二主应力量值对围岩水平变形的影响

（a）$\sigma_2 = 10\text{MPa}$；（b）$\sigma_2 = 13.5\text{MPa}$；（c）$\sigma_2 = 16\text{MPa}$；（d）$\sigma_2 = 20\text{MPa}$

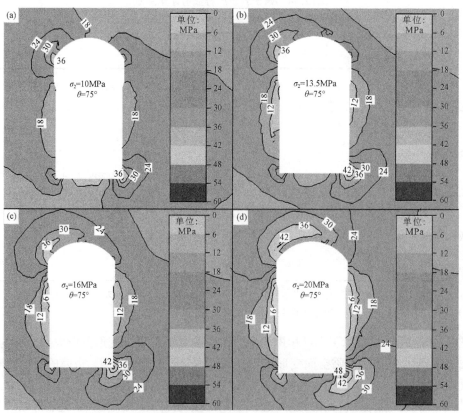

图 2.16　第二主应力量值对围岩重分布最大主应力的影响

（a）$\sigma_2 = 10\text{MPa}$；（b）$\sigma_2 = 13.5\text{MPa}$；（c）$\sigma_2 = 16\text{MPa}$；（d）$\sigma_2 = 20\text{MPa}$

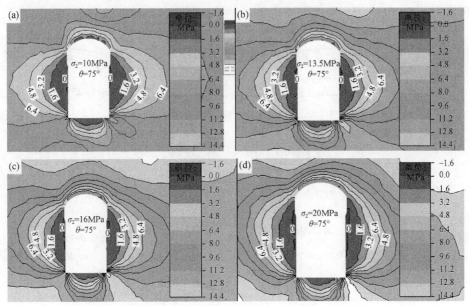

图 2.17 第二主应力量值对围岩重分布最小主应力的影响

(a) $\sigma_2 = 10MPa$；(b) $\sigma_2 = 13.5MPa$；(c) $\sigma_2 = 16MPa$；(d) $\sigma_2 = 20MPa$

如图 2.18（a）、（b）所示，随着第二主应力的增大，上游拱肩（测线 A）和下游拱脚（测线 C）处的重分布最大主应力均增大，但二者沿围岩深度的变化有所不同。随着围岩深度的增加，上游拱肩的最大主应力先增加后减小，在深度 2.5m 处取得极大值；而下游拱脚的最大主应力是逐渐减小的。可见，较大的第二主应力加剧了上游拱肩和下游拱脚的应力集中。图 2.19 为边墙的变化规律。在初始状态时，第二主应力大的围岩围压更大，在开挖卸荷过程中，切应力集中更为显著，动态卸荷和回弹变形的趋势也更加明显。最终，卸荷松弛的程度和拉应力都随着第二主应力的增大而显著增大，如图 2.14（b）、（c）所示。较深的卸荷松弛区、较低的径向应力使得裂缝不断扩展至深处，引发了边墙的大变形，并具有不收敛的趋势。由图 2.19（d）可知，$\sigma_2 = 20MPa$ 时边墙的变形是 $\sigma_2 = 10MPa$ 时的两倍。

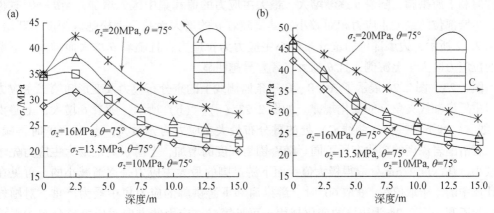

图 2.18 不同第二主应力取值时测线上最大主应力变化规律

（a）测线 A；（b）测线 C

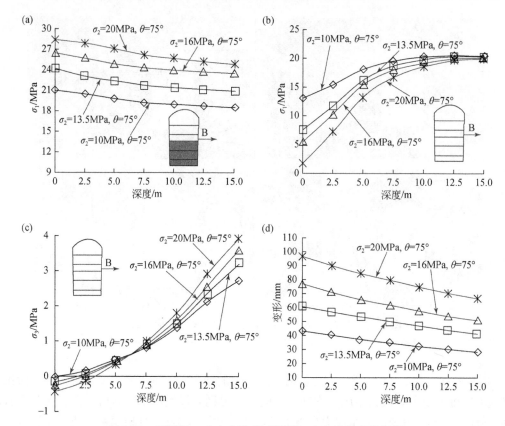

图 2.19　不同第二主应力取值时测线 B 上各参数变化规律

（a）主厂房第三层开挖完的最大主应力；（b）主厂房全部开挖完的最大主应力；（c）最小主应力；（d）水平变形

　　图 2.20～图 2.22 展示了主厂房围岩第二主应力的方向对围岩变形及应力重分布的影响。如图 2.20 所示，围岩朝向临空面变形，边墙部位的变形随着第二主应力方向与主厂房轴线夹角 θ 的增大而增大，下游边墙变形大于上游，且随着 θ 增大两侧变形的差异也逐渐减小。如图 2.21 所示，开挖后应力重新分布，最大主应力为压应力，集中于主厂房上游拱肩和下游拱脚，随着 θ 逐渐增大，最大主应力的值和集中区先增加，当 $\theta = 60°$ 时再减小；边墙部位的最大主应力相对较小，其值随着 θ 的增大而减小，松弛区深度不断增加。如图 2.22 所示，边墙部位的重分布最小主应力为拉应力，且随着 θ 增大而增大，下游边墙的拉应力区大于上游侧，且 θ 越大二者差异越明显。

　　图 2.23、图 2.24 展示了 A、B、C 三条监测线上的重分布应力及变形随第二主应力方向与主厂房轴线夹角 θ 的变化规律。如图 2.23（a）、（b）所示，随着 θ 增大，上游拱肩（测线 A）和下游拱脚（测线 C）处的重分布最大主应力均先增大，当 $\theta = 60°$ 时再减小，但二者沿围岩深度的变化有所不同。随着围岩深度的增加，上游拱肩的最大主应力先增加后减小，在深度 2.5m 处取得极大值；而下游拱脚的最大主应力是逐渐减小的。可见在本次计算中的 4 个取值里，θ 取 60° 时上游拱肩和下游拱脚的应力集中最为严重，对围岩稳定最为不利。图 2.24 为边墙的变化规律。可见第二主应力的方向对应力重分布的影响很大，而且对边墙部位变形的影响比其值的影响更为明显。

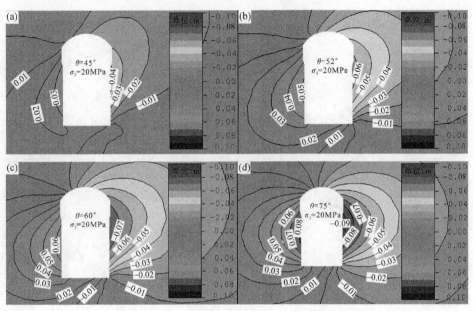

图 2.20　第二主应力方向对围岩水平变形的影响

(a) $\theta=45°$；(b) $\theta=52°$；(c) $\theta=60°$；(d) $\theta=75°$

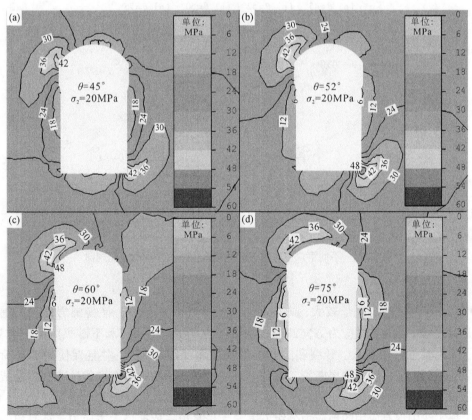

图 2.21　第二主应力方向对围岩重分布最大主应力的影响

(a) $\theta=45°$；(b) $\theta=52°$；(c) $\theta=60°$；(d) $\theta=75°$

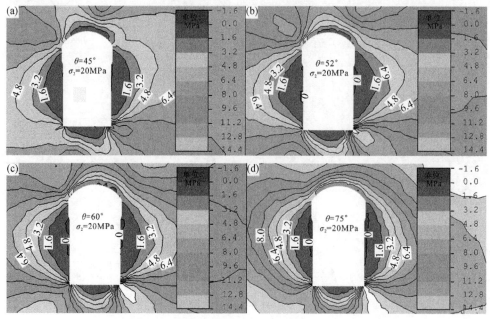

图 2.22　第二主应力方向对围岩重分布最小主应力的影响

（a）$\theta=45°$；（b）$\theta=52°$；（c）$\theta=60°$；（d）$\theta=75°$

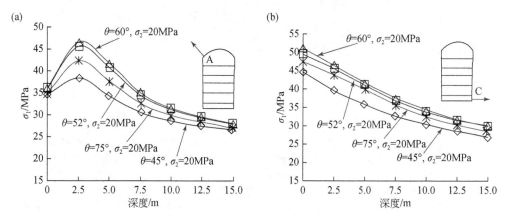

图 2.23　不同第二主应力方向时测线上最大主应力变化规律

（a）测线 A；（b）测线 C

　　可见，第二主应力量值较大、方向近似垂直于主厂房轴线，使得围岩处于高围压状态，开挖过程中沿第二主应力方向卸荷，加剧了主厂房上游拱肩和下游拱脚的应力集中，导致了喷混凝土层的鼓胀、开裂和围岩的劈裂破坏（图 2.25），并且促使边墙卸荷大变形，裂缝不断扩展，围岩深层断裂，这种不利应力状态下的边墙变形相比有利状态成倍增加（Li et al., 2017b）。

　　工程实践中现有应用的地应力分级方案，无论是单一依据最大主应力，还是单一依据强度应力比，或是依据二者的混合，都主要依据的是第一主应力。像猴子岩这种高第二主

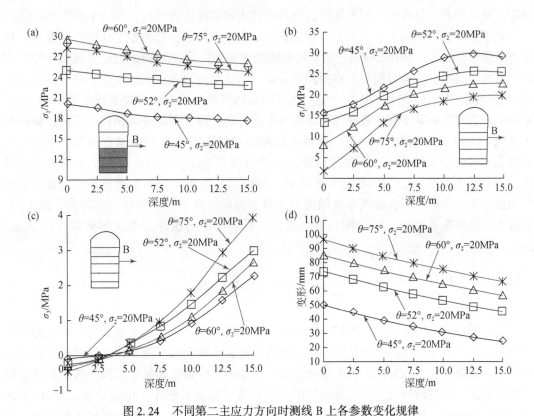

图 2.24 不同第二主应力方向时测线 B 上各参数变化规律
（a）主厂房第三层开挖完的最大主应力；（b）主厂房全部开挖完的最大主应力；（c）最小主应力；（d）水平变形

图 2.25 主厂房开挖过程中的破坏现象
（a）上游拱肩喷混凝土层鼓胀、开裂；（b）下游拱脚围岩劈裂破坏

应力的案例，以后可能还会出现，可能就不适于现有的分级方案。因此，地应力分级的标准是否也应考虑第二主应力，日后值得进一步讨论。此外，地应力量值的选取也是一个值得深入探讨的问题。在高山峡谷地带，地应力分布具有不均衡性，同一工程中不同部位的

地应力量级差异可能很大，因此如何选取具有代表性的地应力量值，是一个重要的问题。

除了地应力的量值大小，其方向也会影响二次应力场的分布特性，从而对洞群围岩稳定产生影响。2.2.1 节中已提到，地下厂房轴线方向与厂房区域初始地应力最大主应力方向应呈较小夹角，这样有利于洞室的围岩稳定。初始地应力方向无法改变，改变洞室轴向相当于间接实现了地应力方向的改变，其目的是调整地应力对洞室围岩稳定的影响大小。不同的地应力方向除了意味着变形破坏程度不同，还会决定围岩破坏模式的不同。像锦屏 I 级地下洞群开挖过程中，呈现出两种不同的围岩损伤特性及 EDZ 演化规律，主要就是地应力方向的差异导致的。厂房区域地应力测试结果显示，厂房区域第二主应力量值较大，为 10 ~ 25MPa，且以断层 F_{14} 为界两侧区域的第二主应力方向有明显不同。最大主应力和最小主应力的性质在这两个区域内并无显著差异。两个区域的第二主应力方向不同，导致主厂房出现了两种不同的围岩破坏模式：高切向应力破坏和渐进型破坏（Li et al.，2017a）。

2.5 施 工 因 素

地下洞室的开挖是围岩变形破坏的前提。在开挖之前，岩体处于复杂的初始应力平衡状态，开挖改变了岩体的初始几何形状，使得开挖轮廓面上被开挖岩体对保留岩体的应力约束快速卸除，应力因卸荷而发生重新分布，促使围岩中裂纹萌生和扩展。这些裂纹影响了围岩的强度和变形特性，从而为围岩的变形和破坏创造了条件（Jiang et al.，2009；Bian and Xiao，2009）。如果没有开挖扰动，岩体仍将保持平衡状态，发生变形破坏的可能性大打折扣。而与开挖同属施工的支护环节，则起到了阻止围岩变形破坏、维持洞室稳定的作用。

开挖扰动对于围岩变形的影响可通过多点变位计所测围岩位移来反映。选取白鹤滩主厂房多点变位计 $M_{ZC0+077-2}$ 的位移监测结果进行分析，该测点位于 ZC0+77.3m 断面主厂房上游边墙高程 592.002m 处，该点孔口位移已超过了 50mm，已属大变形范畴。图 2.26 中粗线为表层测点的位移值，细线为位移的变化率，表征该处围岩的变形速率。如图所示，位移曲线总体呈台阶状增长，速率曲线在每个开挖高程的前段均有一个波峰，说明围岩变形与开挖过程关系密切，每个高程的开挖扰动均会导致位移发生增长。在竖直上离测点最近的高程 591.96m 被开挖之始，该点的变形速率 1.14mm/d（2016 年 8 月 24 日）为全程最大。随着后续开挖的不断进行，掌子面逐渐远离测点，而这些峰值总体上也呈减小的趋势，说明随着开挖掌子面与测点竖直距离的增大，开挖扰动对该点围岩变形的影响不断减弱，围岩变形速率逐渐降低。而且可以看到，2016 年 11 月 21 日正在进行桩号ZC0+70m ~ ZC0+85m、高程 583.9m 处的开挖，测点与掌子面水平距离较近，因此位移率取得较大峰值 0.96mm/d。这说明掌子面与测点的水平和竖直距离均与测点处围岩变形有密切联系，距离增大，开挖扰动对围岩变形的影响不断减弱，变形速率逐渐降低。

根据洞群的结构特点和实际的工程地质条件制定合理的开挖方案，对于控制围岩变形、减少围岩破坏十分重要。优化的施工技术，如能够控制爆破振动对围岩不利影响的精细化爆破技术，也起到了十分重要的作用。另外，大型地下厂房洞群各种洞室纵横交错、

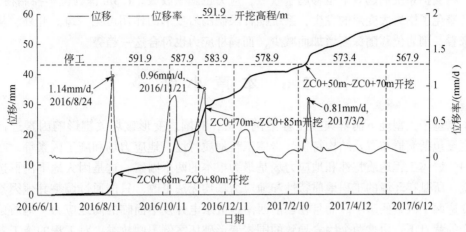

图 2.26　多点变位计 $M_{ZC0+077-2}$ 位移及位移率曲线

结构复杂，相邻、交叉洞室的开挖相互影响，应力调整过程较为复杂。如何减轻不利影响、避免施工安全隐患值得结合工程实践进一步深入研究（Chen et al.，2004）。

　　支护措施是阻止围岩变形破坏的重要环节。大型地下洞群通常采用喷锚支护和预应力锚索来加强围岩。锚杆通过锚入岩体内部与其形成共同受力体，能够增加岩体强度、提高结构面抗剪能力，从而发挥加固效果（陆士良，1998）。而预应力锚索能在围岩尚未产生较大变形时就对围岩予以加固，有利于维持围岩的初始状态，以及缓解开挖导致卸荷对围岩稳定产生的不利影响，从而提高围岩的变形刚度和破坏荷载，减小开洞位移（顾欣，2006）。图 2.27 为白鹤滩主厂房桩号 ZC0+229.3m 上游边墙围岩位移曲线及相近部位锚杆应力曲线。由图可知，随着开挖的进行，位移和应力均呈台阶状增长，二者对开挖扰动的响应较为一致。由于锚杆约束围岩向临空面变形，围岩阶段性变形使得锚杆应力呈现阶段性的演化过程。随着掌子面的远离，位移增长放缓但仍有时效性，应力增长也有所放缓。

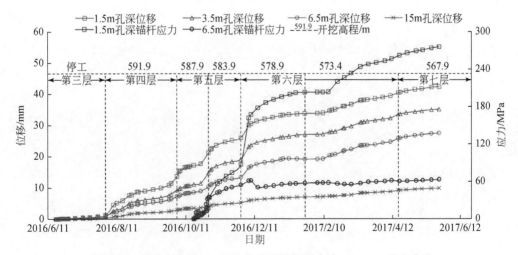

图 2.27　多点变位计 $M_{ZC0+229-2}$ 位移及锚杆测力计 $AS_{ZC0+229-4}$ 应力曲线

最终，在支护系统的起效下位移趋于收敛，应力也趋于收敛。1.5m深处位移控制在50mm以下，避免了围岩大变形的发生，系统锚杆限制围岩变形的作用可见一斑。此外，从孔深方向来看，围岩位移随深度增加而减少，而锚杆应力也符合这一趋势。

2.6　本 章 小 结

本章基于大型地下洞群典型工程案例分析，对围岩变形破坏关键影响因素进行了总结，主要包括洞群布置及结构特征、岩体工程地质特性、地应力场和施工因素等。在这些因素中，岩体工程地质特性和地应力场是最为根本的两个因素。这是因为地下洞群选址一经确定，所赋存环境的工程地质特性和地应力场均无法更改，只能通过调整其他因素间接地改变这两个因素的影响。而且在当前西南地区水电开发中面临的高地应力、地质条件复杂多变的背景下，由这两个因素导致的围岩变形破坏案例不胜枚举，对工程的施工安全造成很大挑战，使得大型地下洞群建设面临很大的技术难度。另外，洞群布置及结构特征以及施工因素也是较为关键的影响因素。洞群的布置，包括方位、断面形状和尺寸等要素的确定，本质上是在间接地调整岩体工程地质特性和地应力场两大因素对围岩稳定的影响。选择一个科学合理的布置方位及形式，能够在工程建设之前就预先降低围岩变形破坏的风险。施工过程包括开挖和支护两个环节，开挖改变了围岩的应力状态使得应力重新分布，这是围岩变形破坏现象的前提，而支护措施则起到了控制围岩变形、避免破坏现象发生的作用。科学合理的开挖方案、施工技术和工艺以及支护系统设计，对于地下洞群施工及运营期的安全稳定十分重要。

第3章 围岩变形破坏模式及其力学响应机理

3.1 概 述

地下洞室开挖受地应力、岩体结构、地下水等地质环境因素及施工方案的影响，常在施工期出现各种各样的变形破坏问题。而水电工程大型地下洞群相比于一般单一隧洞，其自身特点更为突出，如洞室尺寸大、空间效应突出，洞群结构复杂且存在相互影响，大跨度高边墙使得开挖顺序和分层高度对围岩稳定性影响大，工程地质条件复杂等，这些因素导致大型地下洞群围岩变形破坏过程及力学机理更为复杂（向天兵等，2011；董家兴等，2014）。我国水电工程大型地下洞群施工过程中围岩变形破坏现象频发，譬如，锦屏Ⅰ级水电站地下洞群施工过程中主厂房下游拱腰混凝土喷层严重开裂和剥落、主厂房高边墙裂隙错动、岩体片状剥落、表层岩体压裂等；二滩水电站地下洞群开挖过程中发生岩爆、围岩劈裂剥落以及母线洞环向裂缝等围岩破坏现象；官地水电站地下洞室群受不利结构面影响导致主厂房、尾调室和尾水洞扩散段的顶拱部位出现块体掉落、塌滑、拉裂倾倒等围岩失稳破坏现象；白鹤滩水电站左岸地下厂房受错动带影响导致主厂房顶拱层开挖出现塌方及局部岩体坍塌掉块现象（李仲奎等，2009；黄润秋等，2011；张勇等，2012；段淑倩等，2017）。大型地下洞群围岩变形破坏问题多样，根据产生机理及破坏形式的不同可以划分为多种模式，不同的破坏模式往往对应着不同的围岩破坏控制措施。围岩破坏模式的准确识别是进行围岩动态调控措施选择的基础，通过研究围岩变形破坏模式及力学响应机理，对提出针对性的控制措施、保证地下洞室施工安全、提高工程经济效益具有重要的工程意义。

本章在已有研究的基础上（于学馥，1983；王思敬，1984；Martin et al.，1999），结合大型地下洞群围岩常见破坏现象，对围岩变形破坏模式进行分类，依据控制因素及破坏机制的不同，将围岩破坏现象归纳为三个层次的 8 种不同破坏模式，地下洞群围岩破坏模式分类体系见图 3.1。首先依据控制因素的不同，将围岩变形破坏分为应力主导型、岩体性质主导型以及应力–岩体性质复合型三个大类。其中，应力主导型主要是针对岩体较为完整且应力水平较高的情况，较为完整的脆性岩体在洞室开挖、应力调整后容易发生围岩破坏现象，依据破坏机制及表现形式的不同又可以进一步细分为岩爆，片帮劈裂剥落及卸荷开裂等形式的脆性破坏。岩体性质主导型主要是针对节理裂隙较为发育的岩体，围岩破坏主要受岩体内结构面影响，而受地应力作用不明显，在开挖扰动和应力重分布后，难以维持稳定状态而发生的变形破坏，常见的有顶拱塌方和块体掉落两种。应力–岩体性质复合型主要是针对岩体内既有不利结构面，又存在不利的应力条件，两者共同作用而导致的变形破坏，常见的有弯折内鼓，软弱带挤压内鼓，断层、节理层面滑移等破坏现象。

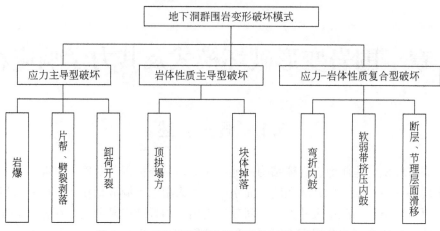

图 3.1   大型地下洞群围岩变形破坏模式分类体系

根据地下洞群围岩变形破坏分类体系，进一步介绍了各种围岩变形破坏的特点及力学机理，并结合锦屏Ⅰ级、猴子岩、白鹤滩三座大型地下洞群围岩变形破坏工程实例，对围岩变形破坏现象进行归纳阐述，同时从地质条件及地应力条件出发对各种围岩破坏现象形成机制进行了研究。研究成果对类似地下洞群围岩破坏模式识别及动态调控措施的选取具有借鉴和指导意义。

3.2   应力主导型

应力主导型破坏表示控制围岩破坏的主要因素是高应力水平，在高地应力条件下，洞室开挖造成围岩应力重分布，在二次应力作用下，围岩起裂并产生新的裂缝，随着新生裂缝扩展、贯通，致使围岩损伤并最终发生破坏（董家兴等，2014）。分析国内大型地下洞群围岩破坏实例发现，应力主导型破坏主要集中在高地应力且岩体较为坚硬完整区域，主要包括岩爆，片帮、劈裂剥落，卸荷开裂等形式，下面将结合具体工程案例分别介绍围岩破坏现象及其机制。

3.2.1   岩爆

1. 岩爆破坏现象及其机制

西南地区山高、谷深、坡陡，加之地处亚欧板块与印度板块挤压带附近，构造作用强烈，有较充沛的弹性能储备。高地应力区完整岩体洞室开挖后，洞室围岩应力重分布和应力集中，使得局部围岩内储存了大量的弹性应变能，当其超出岩体的极限储存能力或岩体受到扰动后，部分岩石从母岩中瞬间、猛烈地突出或弹射出来，这样一种岩体的脆性破坏现象即称为岩爆。岩爆灾害问题因工程的特殊性变得更加复杂，施工期内多次极强岩爆的案例说明岩爆对工程安全的极大危害性，严重摧毁施工机械、危害施工人员安全、破坏支护系统、耽误施工进度和增加施工成本等。

岩爆发生时大体上有如下基本特征：①从爆裂声方面看，有强有弱，有的沉而闷，有的清而脆。总体看来，声响如闷雷的岩爆规模较大，而声响清脆的规模较小，有的伴随着声响可见破碎处冒岩灰。绝大部分岩爆伴随着声响发生，即使在施工干扰下，也能听到围岩内部的爆裂声。②从弹射程度上看，岩爆基本上属于弱弹射和无弹射两类。弹射类岩爆，其弹射距离小于 2m，一般为 0.8 ~ 2m 不等；无弹射类岩爆，仅仅是将岩面劈裂形成层次错落的小块或脱离母岩滑落的大块岩石，且可以明显地观察到围岩内部已形成空隙。③从爆落的岩体看，有体积较大的块体和体积较小的薄片。薄片的形状呈中间厚、四周薄的贝壳状，其长与宽方向尺寸相差不悬殊，但周边厚度方向参差不齐。块体的形状多为有 1 ~ 2 组的平行裂面，其余的破裂面呈刀刃状。岩块几何尺寸均较小，一般在 40cm×45cm×(5 ~ 20)cm 范围内。④从岩爆坑的形态看，有直角形、阶梯形和窝状形。岩爆坑为直角形的岩爆，其规模较大，岩爆坑较深，发生时伴随有沉闷的爆裂声；阶梯形岩爆的规模最小，时常伴随着多次爆裂声发生，爆落的岩体多为片状和板状；窝状岩爆坑的岩爆规模则有大有小，在石英岩脉富集处规模较大，而在岩脉较少处则规模较小，基本上为一次爆裂成窝状，破坏与声响基本同步。

岩爆灾害已成为西南地区地下厂房施工期的关键难题，主要体现在以下几点：①复杂地质构造导致地应力场分布规律十分复杂。西南地区所在断块及其新构造运动的特征产生了复杂宏观构造应力场环境，地形条件和不同尺度的地质构造部位（褶皱、断层）导致洞室沿线局部应力场分布规律和诱发岩爆控制因素十分复杂。②围岩高应力卸荷力学性质的复杂性。在高应力卸荷条件下围岩强度特征、变形规律均具有强烈非线性特征，导致了岩体开挖围岩损伤和破裂过程以及能量积聚和释放过程的复杂性。岩体复杂的时效特征也导致了岩爆发生具有滞后特征，增加了预测分析的难度。③施工方法和施工过程增加了岩爆形成条件的复杂性。多条隧洞间复杂开挖布局，如支洞开挖、相向开挖等导致岩体受到复杂扰动，致使岩爆诱发机制变得十分复杂多样。④岩爆的发生时间、等级及影响范围难以预测。岩爆预测预警是一个尚待解决的世界级难题，岩爆的发生时间无法预测，发生等级和影响范围也难以预测。⑤岩爆的治理是一个世界级难题，其发生具有随机性、突发性、能量高、等级强等特点，需针对不同等级、不同危害程度的岩爆采取不同的治理策略，同时需尽量避免对人员设备的伤害（Jiang et al.，2010）。

岩爆灾害的孕育演化和发生过程中，由于受到众多复杂控制因素的影响与控制，高应力条件下表现出更加复杂的力学行为，致使岩爆破坏类型和成因机制也更加复杂。岩爆产生的条件主要包括：①岩体内储存着很大的应变能，当该部分能量超过了硬岩石自身的强度时，极易发生岩爆；②围岩坚硬新鲜完整，裂隙极少或仅有隐裂隙，且具有较高的脆性和弹性，能储存能量，而其变形特征属于脆性破坏类型，当应力解除后回弹变形很小；③埋深较大（一般埋藏深度多大于 200m）且远离沟谷切割的荷载裂隙带；④地下水较少，岩体干燥；⑤开挖断面形状不规则或断面变化造成局部应力集中的地带。图 3.2 为高地应力区岩爆破坏形成过程示意图，从图 3.2（a）可以看到完整岩体中含有细小的裂缝和裂纹，而微裂纹轴线方向与主应力 σ_1 的方向可能平行也可能斜交。若是微裂纹轴线方向与主应力 σ_1 平行，那么拉应力集中现象会出现在微裂纹的端部，导致微裂纹扩展；若是微裂纹轴线方向与主应力 σ_1 斜交，最大拉应力会出现在端部附近的某处，而非端部，微裂纹也不会沿着原微裂纹轴线方向发展，而是偏向主应力 σ_1 方向。高地应力地区的洞室开挖让洞室周围岩体中的应力在短时间内急剧增大，使得微裂纹端部附近的拉应力数值迅速变大，新裂纹的扩展速度也随之增大，若是各裂纹之间相互贯通，产生较大的贯穿裂缝，就会使得被分离的岩石以一定的初速度从原岩体中弹射出来，形成岩爆。

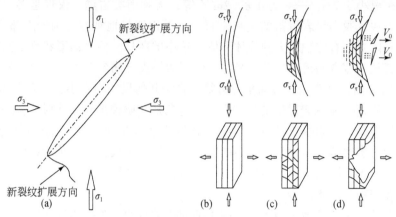

图 3.2　裂纹扩展及岩爆破坏示意图

（a）受压条件下微裂纹端部裂纹扩展方向；（b）岩爆渐进破坏过程：劈开；（c）岩爆渐进破坏过程：剪断；
（d）岩爆渐进破坏过程：弹射

2. 工程实例

猴子岩地下洞群施工期间，在进厂交通洞、厂房顶拱区域出现了不同程度的岩爆现象，岩爆产生的岩块体积差异较大，一般为中厚边薄的片状，在岩爆后部分洞室顶拱还产生了塌方现象，对施工人员和设备的安全造成了一定威胁。图 3.3 猴子岩地下厂房进厂交通洞 DK1+321m 处及主厂房顶拱处高地应力岩爆现象，具有一定初速度的岩块从岩体中弹射到洞室中，给进厂交通洞及主厂房施工安全带来威胁。

猴子岩地下洞群地应力测试结果表明厂房区域地应力场以构造应力为主（图 3.4），实测厂区最大主应力 $\sigma_1 = 21.53 \sim 36.43\text{MPa}$，平均约为 28.33MPa，第二主应力 $\sigma_2 = 12.06 \sim 29.80\text{MPa}$，平均为 21.15MPa，第三主应力 $\sigma_3 = 6.20 \sim 22.32\text{MPa}$。由地下厂房区实测地应力结果可以发现，猴子岩地下厂房区域第一主应力及第二主应力均超过了 20MPa，岩石强度应力比为 $2 \sim 4$，属于高地应力区域。另外，区域内岩性为完整的脆性变质灰岩，脆性度较高，储存弹性应变能的能力较强，具备产生岩爆的可能性。在洞室开挖之前，由于区域内的高地应力，灰岩内部已经储存了一定能量。受到洞室开挖扰动，储存了较多弹性应变能的洞室表层岩体内部的能量突然地在短时间内释放出来，发生了岩爆破坏，弹射出了大小不一的岩石。对岩爆产生岩块进行电镜扫描（贾哲强等，2016），发现岩块断口的破坏形式主要为张拉破坏，包含少量张剪破坏，表明猴子岩岩爆破坏机制为脆性劈裂破坏，这种形式的破坏中（谢和平和 Pariseau，1993；张梅英和尚嘉兰，1998；张镜剑和傅冰骏，2008），洞室围岩体中在洞周附近切向应力大，往围岩深部逐渐降低，而洞周径向应力小，往围岩深部逐渐增大。在脆性岩体中，洞室边缘发生破裂破坏的岩爆，而岩爆能量一般较小。

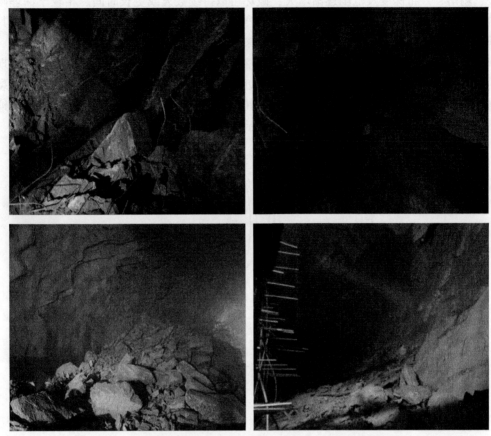

图 3.3　猴子岩地下厂房进厂交通洞及主厂房顶拱岩爆现象

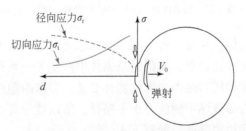

图 3.4　猴子岩地下洞群脆性劈裂型岩爆破坏机制示意图

3.2.2　围岩片帮、劈裂剥落

1. 围岩片帮破坏现象及其机制

片帮是高地应力硬脆性岩体中常见的一种宏观破坏现象，表现为岩体的片状或板状剥落，常见于主厂房、主变室等下游侧拱座附近及压力管道下平段、母线洞、尾水管等外侧拱座附近。片帮一般在开挖后数小时发生，并且随着时间的推移围岩由表及里渐进地松弛开裂、剥落，片帮深度及范围逐渐增大，破坏可以持续数天或更长时间。相较于深埋硬脆性岩体中同样常见的岩爆灾害，片帮破坏的烈度相对较弱，一般无岩块弹射现象，但其破坏问题频繁且持续时间长同样给工程施工带来了不利影响。

片帮破坏一般出现在高地应力区域的完整、脆性岩体中，洞室开挖后，围岩中出现较高的、平行于临空面的压应力，使得洞室附近的围岩出现一系列近似于平行临空面的裂缝将岩体分割成片状或薄层状，在重力作用或其他扰动作用下，岩石从原岩体中一层层地剥落下来，图 3.5 为片帮、劈裂剥落破坏过程示意图。

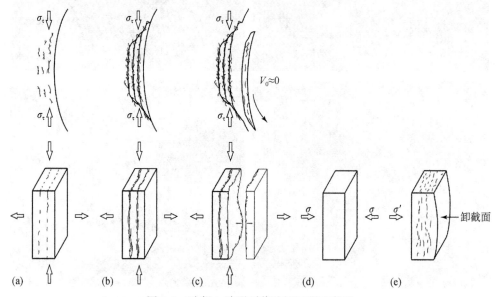

图 3.5　片帮、劈裂剥落破坏过程示意图

（a）渐进破坏过程：裂纹萌生；（b）渐进破坏过程：裂纹贯通；（c）渐进破坏过程：压致张裂；
（d）卸荷开裂破坏过程：初始状态；（e）卸荷开裂破坏过程：强烈卸载、岩体开裂

与岩爆破坏的机制类似，片帮、劈裂剥落破坏也是高地应力地区完整、脆性岩体中洞室开挖导致围岩中微裂缝快速发展，使得完整岩体中产生了一系列压致拉裂的裂缝，但此种破坏模式中，岩体的脆性较岩爆中岩体的脆性要低，岩体的塑性较岩爆中岩体的塑性要高，同时，应力水平较岩爆破坏中的应力水平略低，所以被分离的岩体不是从原岩体中喷射或弹射出来，而是柔和地掉落或是滑落下来。

2. 工程实例

片帮、劈裂剥落破坏的围岩失稳模式主要出现在地应力较高区域的洞室开挖工程围岩中（刘宁等，2008；郭群等，2010；Zhang et al.，2014）。特别是当出现沿洞壁的切向应力集中（一般出现在拱肩或拱脚位置）时，脆性岩体受较大压应力，致使压致拉裂，沿洞室径向出现拉裂，然后一层层地呈片状或板状剥落。

锦屏Ⅰ级水电站地下厂房区域施工期主副厂房、主变室围岩出现了片帮、劈裂剥落现象，岩片（板）厚度一般为 2~3cm，最厚可达 7cm，主要出现在主副厂房、主变室下游侧拱肩和拱脚附近，如图 3.6 所示。片帮、劈裂剥落一般滞后开挖一段时间，且裂缝面与

临空面近似平行，在局部位置，表层围岩被压成薄片状，有些用手揉搓就会变成粉末状，表明该处岩体承受较大的切向应力导致压致损伤。在洞室开挖并喷锚支护完成后，主厂房和主变室下游侧混凝土喷层有外鼓开裂现象，仔细观察混凝土喷层内的表层围岩体（图3.7）可以发现，岩石被劈裂成板状向洞室内鼓出。

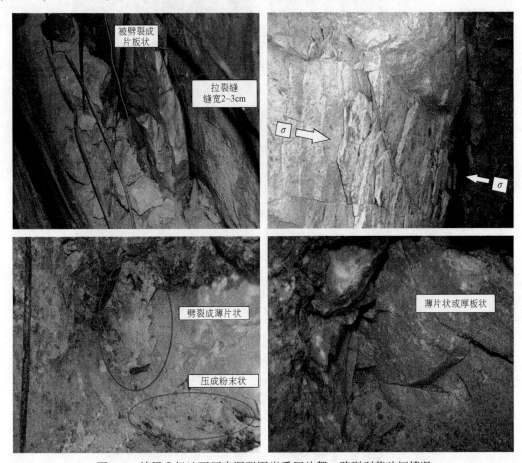

图3.6　锦屏 I 级地下厂房洞群围岩受压片帮、劈裂剥落破坏情况

主变室下游侧1668m高程增设的围岩破坏附近的钻孔声波测速成果见图3.8，其中第一次测试时间为2008年1月底，此时主变室开挖底板高程约为1659m；第二次测试时间为2008年2月中旬，主变室开挖底板高程仍为1659m；第三次测试时间为2009年2月，第四次测试时间为2009年4月，后两次测试时主变室开挖底板高程均为1646m。观察图3.8可以发现，主变室下游1668m高程+111X桩号处在前两次声波测速结果中，0~6m岩体的波速为2~4km/s，而6~20m岩体的波速为5~6km/s，这表明此时岩体的松弛损伤深度大约在6m，而6~20m岩体较为完整。将第三次和第四次声波测速结果与前两次声波测速结果对比，发现岩体波速为2~4km/s的范围扩大到了0~7m，表明主变室下游侧拱脚处围岩的渐进破坏深度随时间不断增长，这也说明围岩片帮、劈裂剥落是随时间增长的渐进破坏过程。

图 3.7　锦屏 I 级地下厂房洞群混凝土喷层及钢筋破坏情况

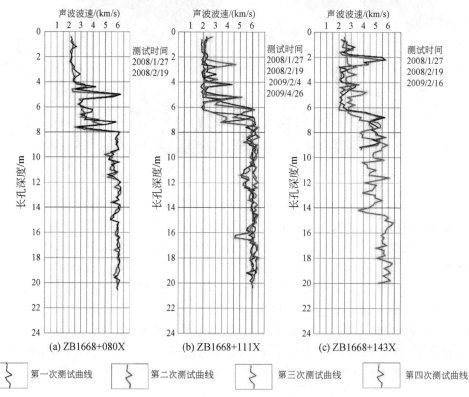

(a) ZB1668+080X　　　　　　(b) ZB1668+111X　　　　　　(c) ZB1668+143X

第一次测试曲线　　　　第二次测试曲线　　　　第三次测试曲线　　　　第四次测试曲线

图 3.8　锦屏 I 级主变室下游侧 1668.0m 高程不同点长孔声波测速成果

锦屏Ⅰ级地下洞群地应力水平较高，实测数据表明第一主应力 $\sigma_1 = 21.7 \sim 35.7\text{MPa}$，平均约 26.5MPa，$\sigma_2 = 9.5 \sim 25.6\text{MPa}$，平均约 16.1MPa，$\sigma_3 = 5.8 \sim 22.2\text{MPa}$，平均约 10.3MPa。厂房区域第一主应力水平较高，方向为 N28.5°W ~ N71°W，与厂房轴线小角度相交，但以较大的角度倾向下游侧，若将第一主应力 σ_1 沿垂直面分解为水平应力 σ_{1l} 以及 σ_{1t}，其径向的应力分量数值相对较小，而切向的应力分量数值相对较大，这样会使主副厂房和主变室下游侧拱肩及拱脚位置切向应力集中，加上该部位围岩体较为完整，从而导致该处围岩体压致拉裂，出现劈裂缝，呈板状、片状从母岩中剥落出来。

通过数值模拟计算分析，图 3.9 给出了锦屏Ⅰ级水电站主副厂房及主变室第二层开挖断面围岩应力重分布情况，根据该典型断面的第一主应力分布情况可以看出，在拱脚处存在 24 ~ 26MPa 的压应力集中现象，这与前面对于围岩受较大压应力的推断相符合。图 3.10 为锦屏Ⅰ级主副厂房（主变室）拱肩、拱脚劈裂鼓出破坏机制示意图，由图可知主副厂房（主变室）拱肩、拱脚处由于压应力集中产生压致拉裂，从而发生鼓出变形破坏。

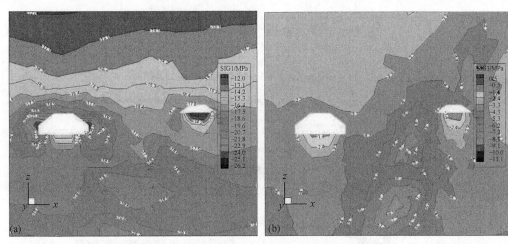

图 3.9 锦屏Ⅰ级主副厂房及主变室第二层典型断面开挖完成后围岩应力重分布等值线图

(a) 第一主应力；(b) 第三主应力

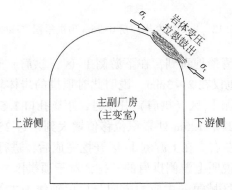

图 3.10 锦屏Ⅰ级主副厂房（主变室）拱肩、拱脚劈裂鼓出破坏机制示意图

在白鹤滩左岸地下厂房前几层的开挖施工过程中，同样出现了岩体呈片状或板状剥落的现象，片帮、劈裂剥落的厚度一般小于或等于3cm，板状剥落的厚度一般大于3cm，个别超过10cm。厂房第一层开挖时，片帮、劈裂剥落部位主要集中在厂房上游侧拱肩以及下游的拱脚附近，一般发生在开挖过后数小时，随着时间的推移而慢慢往内部发展，由表及里渐进破坏。在左岸厂房0+76m断面出现了较为明显的时效位移，图3.11展示了左岸厂房第一层开挖分层的情况，左岸厂房0+76m顶拱的多点位移计监测数据如图3.12所示。

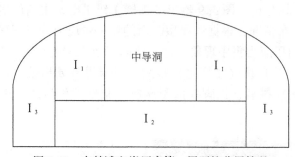

图3.11　白鹤滩左岸厂房第一层开挖分层情况

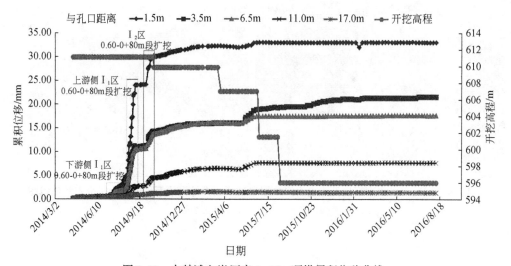

图3.12　白鹤滩左岸厂房0+76m顶拱累积位移曲线

由累积位移曲线可以清楚地看到，在下游侧I_1区（拱肩）开挖时，即使是距离孔口只有1.5m处累积位移值也仅在2~3mm，说明此时顶拱的岩体较为稳定没有产生向临空面的较大变形。而在上游侧I_1区（拱肩）开挖时，距离孔口1.5m、3.5m以及6.5m处的累积位移值都显著变大，其中1.5m处累积位移值增大到了近25mm，3.5m和6.5m处累积位移值增大到了10mm左右。在上游侧I_1区开挖完成后，进行I_2区的扩挖也对顶拱的累积位移值有一定影响。说明上游侧拱肩的开挖，对于顶拱围岩体的变形有显著的影响，其原因主要是白鹤滩厂房区域第一主应力方向与厂房轴线为中等角度相交，且略倾向上游，使得若是厂房上游侧拱肩开挖后，垂直平面内第一主应力的切向应力分量数值较大，上游侧拱肩附近岩体中会出现切向应力集中的情况，让拱肩附近岩体产生片帮、劈裂剥落的渐进破坏（图3.13），进而影响顶拱岩体的稳定性。

图 3.13　白鹤滩左岸厂房拱肩、拱脚片帮外鼓破坏情况

由白鹤滩左岸厂房顶拱混凝土喷层开裂裂缝分布（顶拱展开）示意图（图3.14）可以发现，厂房拱肩片帮破坏主要发生在厂房上游侧，且破坏区域较大，其破坏机理主要是由于上游侧拱肩切向应力集中，让岩体压致拉裂，产生片帮、外鼓现象，破坏机制如图3.15所示。

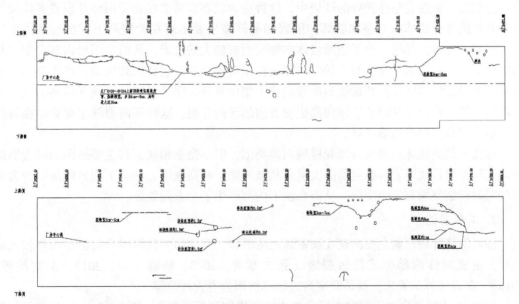

图 3.14　白鹤滩左岸厂房顶拱混凝土喷层开裂裂缝分布示意图

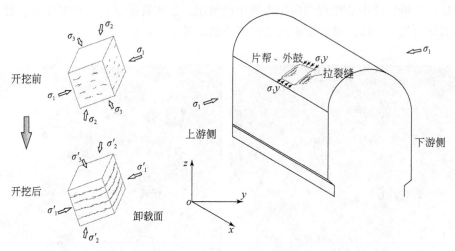

图 3.15　白鹤滩左岸厂房上游侧拱肩片帮外鼓机制示意图

3.2.3　围岩卸荷开裂

1. 围岩卸荷开裂现象及其机制

高地应力条件下大型地下厂房的开挖卸荷显著地改变了围岩的应力状态，诱发围岩强卸荷和应力重分布，导致围岩的一些部位出现应力显著降低和最大主应力值明显增大的不利应力状态，而在完整性较好的硬岩中，这种应力状态容易造成卸荷回弹开裂或者拉应力开裂并最终导致岩体的开裂和破坏。围岩卸荷开裂主要出现在大型地下厂房的高边墙区域，洞室高边墙的开挖，使得边墙岩体向临空面有较大的变形，从而在围岩内部产生了拉裂缝。同时，高边墙和交叉洞室的多向卸荷作用造成交叉口岩体压致拉裂，产生裂缝；另外高边墙形成后岩体法向卸荷强烈而竖向应力集中显著，交叉洞室的开挖又将高边墙一定深度内岩体法向约束解除造成倾向高边墙方向的环向开裂，这种环向裂缝主要集中在母线洞靠近厂房和主变室边墙区域。

卸荷开裂的破坏机理与岩爆和劈裂剥落类似，但不完全相同，其主要是因为高边墙区域洞室开挖导致边墙岩体临空面的大量荷载被卸除，在高地应力状态下围岩内部应力重分布的同时向临空面有较大变形，从而在围岩内部产生了一系列裂缝。

2. 工程实例

围岩卸荷开裂现象主要出现在洞室高边墙部位，开挖卸荷使得围岩向临空面有较大的位移，造成岩体内部生成较多裂缝（张文举等，2013；杨建华等，2013；王文昌等，2015），在岩体外部看来，就是洞室高边墙部位围岩有大的位移。

图 3.16 为猴子岩地下洞群主厂房高边墙围岩卸荷开裂现象，图 3.16（a）为母线洞洞口围岩因卸荷产生环向裂缝；图 3.16（b）～（d）为地下厂房主厂房下游高边墙围岩混凝土喷层开裂脱落现象。通过分析猴子岩地下厂房区域地应力情况发现其第一主应力与第二主应力量值均很大，厂房区域第一、第二主应力均大于20MPa，虽然其第一主应力与厂

房轴线小角度相交，但是第二主应力与厂房轴线为大角度相交，会让主副厂房及主变室的高边墙出现较严重的卸荷开裂现象，围岩变形较大。根据地质资料显示，混凝土喷层开裂严重部位为Ⅲ类围岩，岩体较为完整，岩体中裂隙不发育，附近也无断层穿过，图 3.17 展示了猴子岩厂房 0+51.30m 断面下游边墙 1706.50m 高程多点位移计孔深区段位移过程线，从图中可以看出，当Ⅳ-2 层（测点下方边墙）预裂爆破开挖后，8~24.4m 孔深段相对位移迅速增长，稳定之后相对位移值超过了 86mm，表明距离孔口 8m 范围内岩体都发生了向临空面的较大变形。

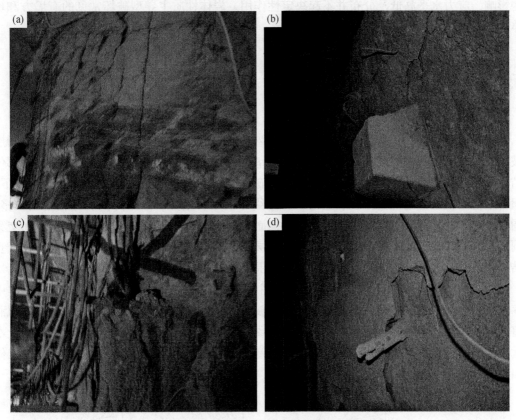

图 3.16　猴子岩主副厂房边墙部位围岩卸荷开裂

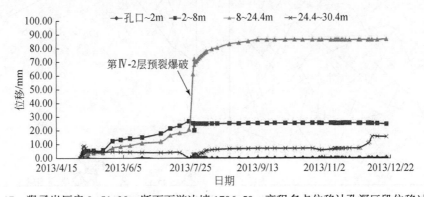

图 3.17　猴子岩厂房 0+51.30m 断面下游边墙 1706.50m 高程多点位移计孔深区段位移过程线

3.3　岩体性质主导型

岩体性质主导型破坏是指因不利结构面的组合，随着洞室开挖围压的减小，在重力作用下围岩向失去支撑的临空面掉落，或是沿着已有结构面产生楔形体的滑动等破坏，导致围岩破坏的决定性因素是岩体结构特征。通常情况下，认为在高应力环境下坚硬完整围岩的破坏主要受控于应力水平，而在结构面较为发育的情况下，围岩的破坏则主要受岩体结构影响，应力水平高低及分布并不起决定性作用。岩体性质主导型破坏常见的有塌方和块体掉落两种。

3.3.1　塌方

1. 塌方破坏现象及其机制

大型地下洞群塌方是常见的围岩失稳破坏模式，主要集中在洞室顶拱、边墙以及断层破碎带密集区域。根据发生条件的不同，洞室塌方可以分为三种情况：一是洞室塌方部位结构面发育，随着洞室开挖后应力调整及爆破振动的影响，临空面围岩体在重力主导下，闭合结构面或隐性结构面张裂、塌落，并最终导致围岩塌方；二是开挖岩体临空面较多，围岩多向开挖卸荷使得围岩缺乏约束，结构面松弛张开并向临空方向塌落，常出现在交叉洞口；三是塌方部位存在力学性质较差的断层、破碎带，洞室开挖后由于岩体强度较低且结构松散，开挖后无法自稳，在重力作用下围岩发生塌方。

图 3.18 为地下洞室塌方破坏过程示意图，在地下洞室开挖前，将开挖部位的岩体中存在较多相互交错的结构面，使得岩体较为破碎，稳定性差，但处于相对稳定状态，而洞室爆破开挖过程中的爆破振动、开挖卸载导致围岩的应力状态受到破坏，应力重分布让本就被结构面切割得较为破碎的围岩稳定性更差，最终在重力或其他扰动作用下，碎裂岩体向临空面掉落。

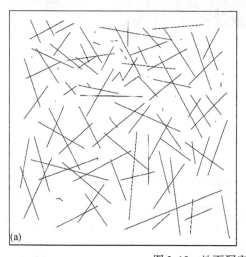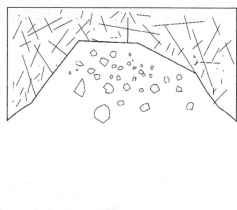

图 3.18　地下洞室塌方破坏过程示意图

(a) 初始状态；(b) 开挖后围岩破裂塌落

2. 工程实例

地下洞室围岩塌方一般发生在物理力学性质较差的岩体中，如节理裂隙发育的Ⅳ类、Ⅴ类围岩，断层及挤压破碎带穿过的区域，受自重和爆破扰动的影响，向洞内塌落即会产生塌方。图 3.19 为在锦屏Ⅰ级排水廊道 0+70m ~ 0+82m 段的开挖施工时顶拱围岩塌方破坏现象，根据开挖出露的围岩情况发现，该段有煌斑岩脉穿过，总体产状为 N60° ~ 70°E/SE∠60° ~ 65°，脉体破碎，风化较强，呈碎裂结构，两侧与大理岩紧密接触，受其影响脉体及两侧一定范围内的围岩呈镶嵌碎裂结构。当洞室开挖至此段时，煌斑岩脉由于岩体风化强烈，黏聚力较低，自稳能力差，洞室开挖形成临空面后，在重力作用下分解开来，向洞室内塌落。

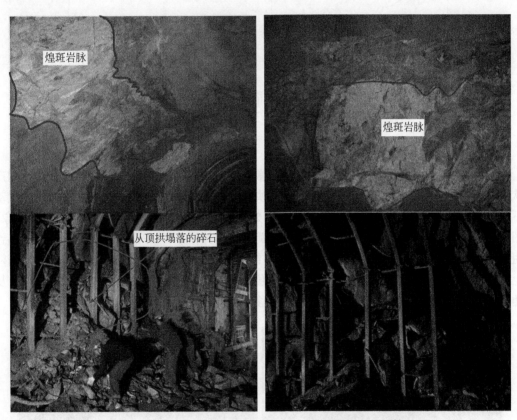

图 3.19　锦屏Ⅰ级排水廊道 0+70m ~ 0+82m 段塌方破坏情况

3.3.2　块体掉落

1. 块体掉落现象及其机制

洞室围岩受节理面和临空面交叉切割形成不稳定岩块，在扰动作用下，岩块就沿着滑动面向下掉落或滑动而产生的围岩破坏形式，谓之乏块体分布。其主要集中在洞室顶拱及结构面发育的边墙部位。

　　块体掉落的破坏机制与塌方类似，被结构面切割的岩体，由于洞室开挖提供了块体形成的最后一个面（临空面），独立块体受扰动后向着临空面滑落（图3.20）。但是块体掉落破坏模式中围岩体结构面发育程度要低于塌方破坏模式中围岩体结构面发育程度，岩体被切割形成的块体要大于塌方破坏模式中岩体被切割形成的块体。

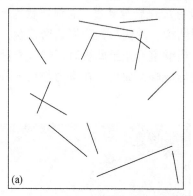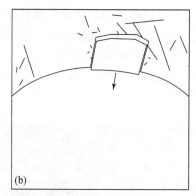

图3.20　块体掉落破坏过程示意图

（a）初始状态；（b）开挖后围岩块体掉落

2. 工程实例

　　块体掉落是块体失稳模式中的一种，通常集中出现在顶拱部位，当顶拱发育有不同产状结构面时，与临空面相互切割形成可移动块体，开挖后在重力作用下或者爆破施工扰动下掉落，给施工及支护带来干扰。图 3.21 为地下洞群顶拱围岩块体掉落现象，图3.21（a）为白鹤滩左岸地下厂房主厂房顶拱块体掉落，厂房顶拱层开挖支护完成后，由于顶拱多组不利结构面的存在，在厂房后续开挖爆破扰动下，顶拱块体掉落在钢筋网上，给工程安全带来威胁；图3.21（b）为猴子岩地下厂房主变室顶拱块体掉落现象，从地质资料可以知道多组结构面的切割形成可移动块体在重力扰动下掉落下来。

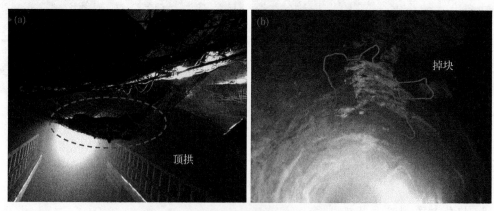

图3.21　地下洞群顶拱围岩块体掉落现象

（a）白鹤滩左岸地下厂房主厂房顶拱块体掉落；（b）猴子岩地下厂房主变室顶拱块体掉落

3.4　应力–岩体性质复合型

应力–岩体性质复合型破坏表示围岩破坏既受到不利应力状态影响，又与断层、破碎带等结构面密切相关，两者对围岩破坏的影响程度相当且缺一不可。通常情况下这种类型的围岩破坏现象主要有围岩弯折内鼓、软弱带挤压内鼓，以及断层、节理层面滑移等。

3.4.1　围岩弯折内鼓

1. 围岩弯折内鼓现象及其机制

围岩弯折内鼓现象一般发生在高地应力、切向应力集中和径向卸荷明显的薄层状岩体结构中，在应力及岩体结构复合作用下薄层岩体向临空面产生弯折鼓出现象，如图 3.22 所示。薄层状岩体中进行洞室开挖时，若层面与临空面平行且受到较大的切向应力，薄层状岩体像细长的板受到沿层面向的压力，中间部位很容易出现向临空面的弯折，在轴向压应力或内部外挤作用下超过抗弯刚度时便会产生弯曲折断进而向内鼓出或掉落，称为轴压弯折。在洞室顶拱附近时，薄层状岩体层面近似水平，在重力作用下也会发生弯折现象，称为重力弯折。

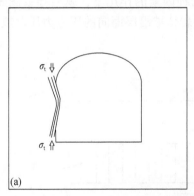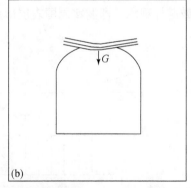

图 3.22　围岩弯折内鼓破坏示意图

(a) 轴压弯折；(b) 重力弯折

2. 工程实例

围岩弯折内鼓属于应力–岩体性质复合型破坏，不仅受较高的洞室切向应力控制，而且要求洞室周围存在薄层状岩体且与临空面近似平行分布，这样才会出现围岩垂直层面折断，向洞室内鼓出变形（She et al., 1998；侯哲生等, 2011）。

图 3.23 为锦屏Ⅰ级地下厂房洞群围岩弯折内鼓现象，经统计发现岩体弯折内鼓现象主要发生于压力管道下平段、母线洞等洞向与厂房垂直的洞室的外侧顶拱和厂房下游侧拱腰局部。从图中可以很明显地看出，在该洞段开挖部位，大理岩岩层中出露了一定的薄层岩体，层面与临空面近似平行，表层围岩体出现了垂直于层面的折断现象，向洞内鼓出。

图 3.23　锦屏 I 级地下厂房洞群围岩弯折内鼓破坏情况

锦屏 I 级地下厂房洞室与第一主应力关系如图 3.24 所示，厂房区域的岩层产状基本为 N15°~80°E/NW∠15°~45°，而锦屏 I 级厂房轴线走向为 N65°W，岩层走向与厂房轴线大角度相交，换而言之，厂房区域岩层走向与压力管道、母线洞等轴线方向小角度相交，且洞室周围存在薄层岩体，这样便有了出现弯折外鼓的第一个要素——与临空面近似平行的薄层岩体。锦屏 I 级厂房区域第一主应力方向与厂房轴线小角度相交，即第一主应力方向与压力管道、母线洞等洞室轴线近似垂直，这样便有了出现弯折外鼓的第二个要素——洞室周边有较高的切向应力。在这两种因素的作用下，就会导致图 3.23 所示的围岩弯折内鼓破坏现象，即洞室周围表层薄层岩体被沿层面向的压应力压弯或者折断，从而向洞内鼓出。

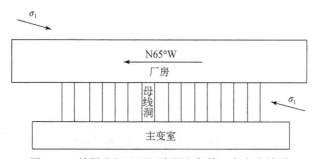

图 3.24　锦屏 I 级地下厂房洞室与第一主应力关系

3.4.2　软弱带挤压内鼓

软弱带挤压内鼓现象一般发生在应力水平较高且存在塑性岩体夹层的洞室围岩中。洞室开挖后，软弱带岩体受重分布后的较高挤压应力，若应力超过软弱带岩体的屈服强度，软弱带岩体就会沿着最大主应力梯度方向往临空面塑性变形（图 3.25）。这种变形破坏模式主要出现在卸荷较为明显的洞室高边墙区域。

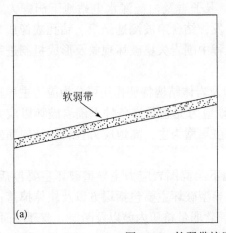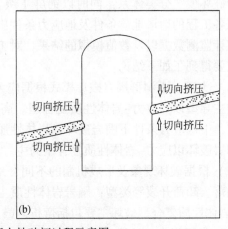

图 3.25　软弱带挤压内鼓破坏过程示意图

（a）初始状态；（b）开挖后软弱带挤压内鼓

3.4.3　断层、节理层面滑移

围岩体中存在断层或节理面，当沿层面的剪应力超过层面的抗剪强度后，会出现沿节理面的剪切滑移破坏。

围岩体中沿断层带、层间错动带、节理面的抗剪强度相对较低，洞室开挖卸荷后，沿层面的二次剪切应力大于层面抗剪强度，若断层走向与洞室轴向小角度相交，则可能会导致断层活化，上下盘再次错动。而在与洞室边墙为中高倾角的层状围岩体中，开挖卸荷使得围岩体失去支撑，产生沿结构面的剪切滑移（图 3.26）。

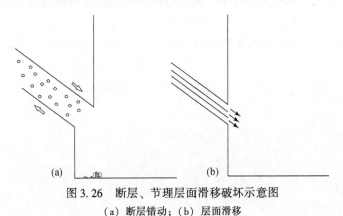

图 3.26　断层、节理层面滑移破坏示意图

（a）断层错动；（b）层面滑移

3.5　本 章 小 结

本章通过收集整理大型地下洞群围岩变形破坏现象，在已有研究的基础上建立洞群围

岩变形破坏模式分类体系；同时以锦屏Ⅰ级、猴子岩及白鹤滩水电站地下洞群为工程实例，从各工程的地形地质条件及地应力条件出发，结合声波测速结果、钻孔成像成果、多点位移计监测数据以及数值模拟的结果，对工程中围岩失稳破坏现象及形成机制进行了研究，主要得到了如下结论：

（1）大型地下洞群围岩破坏模式根据应力及岩体结构特征作用可分为应力主导型、岩体性质主导型以及应力–岩体性质复合型。高地应力完整硬岩条件下围岩破坏以应力主导型为主，中低应力条件下围岩破坏以岩体性质主导型为主，高地应力且岩体结构面发育条件下围岩破坏以应力–岩体性质复合型为主。

（2）根据破坏现象及形成机制的不同，地下洞群围岩应力主导型破坏主要包括岩爆、片帮剥落、卸荷开裂等类型；围岩岩体性质主导型破坏主要包括塌方以及块体掉落；围岩应力–岩体性质复合型破坏主要包括弯折内鼓、软弱带挤压内鼓以及断层、节理层面滑移。

（3）猴子岩水电站地下洞群围岩破坏以应力主导型为主，厂房区域岩爆破坏机制主要为脆性劈裂破坏，厂房区域为高地应力区域（强度应力比为2.4～4.0）且围岩以脆性变质灰岩为主，可储存一定弹性应变能，导致洞室开挖后储存了较多弹性应变能的洞室表层岩体内部的能量突然在短时间内释放出来产生岩爆破坏现象。

（4）锦屏Ⅰ级水电站和白鹤滩水电站厂房区域拱肩、拱脚砼喷层持续开裂的主要原因为该处岩体出现了劈裂剥落，即由于较完整的岩体承受较高的切向应力而导致的围岩破坏现象。

（5）根据现场多点位移计监测数据，猴子岩水电站厂房边墙区域出现了向临空面的较大位移现象（孔口向临空面最大位移超过100mm），其原因主要为猴子岩厂房区域第二主应力较大（>20MPa），且与厂房轴向大角度相交，导致高边墙区域卸荷开裂现象十分明显，在工程中表现为高边墙区域围岩外鼓、混凝土喷层大面积开裂。

（6）锦屏Ⅰ级水电站压力管道下平段及母线洞出现围岩弯折内鼓现象的主要原因为存在与临空面近似平行的薄层岩体，并且第一主应力切向应力分量较大，导致薄层状岩体受到沿层面向的轴向压应力及内部外挤作用，产生弯曲折断进而向内鼓出或掉落。

第4章　地下洞群围岩卸荷损伤演化规律及稳定分析

4.1　概　　述

岩体作为一种复杂地质体，通常都处在复杂的应力状态下，承受三向应力的作用（朱泽奇等，2013）。深埋高地应力条件下的洞室开挖，改变了岩体的初始几何形状，使得开挖轮廓面上开挖岩体对保留岩体的应力约束快速卸除，应力因卸荷而发生重新分布，围岩局部产生应力集中，甚至拉应力。局部不利的二次应力状态导致该处岩体物理力学性质和水理性质发生劣化，如岩体内部节理裂隙的扩展和贯通、岩体的声波波速的下降以及渗透系数增大等，最终在围岩中形成开挖损伤区（Excavation Damaged Zone，EDZ）（晏长根等，2008；衣晓强等，2010；Luo and Li，2014；范勇等，2017）。在开挖卸荷的持续作用下，围岩EDZ会逐渐发展，导致洞室围岩出现更进一步的损伤破坏，威胁洞室的安全稳定。对于开挖规模大、结构复杂、地质条件复杂的大型地下洞群来说，开挖卸荷引起的围岩损伤将会导致多种局部失稳破坏及围岩大变形，对于整体安全稳定的影响更为显著。

国内一些大型水电地下工程在开挖过程中均出现了严重的卸荷破坏现象，严重影响了施工安全及进度。锦屏Ⅱ级水电站主厂房安装间上游边墙部位预埋的多点变位计监测到围岩发生明显的变形突变，变形速率为 1.1～3.4mm/d，且呈不收敛趋势，大大超出了规范要求，造成明显的安全隐患（江权等，2008a）；猴子岩水电站地下厂房施工期间在进厂交通洞、厂房局部区域出现了不同程度的岩爆现象，岩爆后部分洞室顶拱还有塌方现象产生，对施工人员及设备的安全造成威胁；瀑布沟水电站3#母线洞在施工期间出现了多条距离厂房下游边墙约 5m 的裂缝，导致3#母线洞混凝土喷层出现严重开裂，裂缝最大宽度可达 20mm（孙林锋等，2010）；二滩水电站地下厂房上游边墙吊车梁部位在开挖期间也曾多次发生岩爆现象，母线洞也有环向裂缝出现（蔡德文，2000）；拉西瓦水电站地下厂房开挖中不仅出现岩爆现象，主厂房和主变室顶拱围岩均有掉块发生，而且母线洞也有环向裂缝产生（江权等，2010）；白鹤滩水电站左岸地下厂房第一层开挖过后数小时，厂房上游侧拱肩及下游拱脚部分岩体呈片状或板状剥落，并且呈随时间推移由表及里渐进破坏的趋势。

在高地应力地质环境中修建大型地下洞群，围岩在强卸荷作用下会产生岩爆、片帮劈裂、大变形等灾变模式，成为施工及运营的安全隐患，而且对于工期和成本非常不利。此外，大型洞群的围岩损伤止裂、变形控制和塌方处治的难度远远大于单一、小型洞室，处治成本呈指数式急剧增加（李志鹏，2016）。因此，对于大型地下洞群在开挖过程中围岩卸荷损伤破坏及稳定性的研究，具有十分重要的现实意义。本章基于工程地质学、岩石力学和损伤力学等理论，结合国内工程实例，综合分析包括声波测试、多点位移计和钻孔摄像在内的多尺度现场监测资料，探讨大型地下洞群围岩卸荷破坏模式，分析围岩卸荷损伤机制及动态演化特性，并对围岩稳定及安全控制技术进行深入研究和综合评价。

4.2　洞室围岩开挖卸荷损伤原理

岩石作为一种天然地质体，其内部存在大量的微裂纹、微缺陷和微孔洞等。洞室开挖扰动导致围岩应力重分布，在二次应力作用下围岩内部的微裂纹和微缺陷不断萌生、扩展和断裂，宏观上则表现为围岩的变形和破坏。可以说，洞室围岩在开挖卸荷过程中发生的一系列变形破坏现象，其本质都是这些微裂纹和微缺陷在应力调整作用下的断裂、扩展及相互作用的过程。

如图 4.1 所示，地下洞室在开挖之前，周围岩体通常处于三向受压状态。开挖改变了岩体的初始几何形状，使得开挖轮廓面上开挖岩体对保留岩体的应力约束快速卸除，围岩应力状态由三向受压变为双向受压，这种应力状态的改变导致一定深度范围内的围岩向开挖面差异回弹变形。差异回弹变形使围岩内产生拉应力，方向基本平行于卸荷变形方向。而围岩内原本存在的微裂纹，是卸荷差异变形最为集中的部位，也是拉应力集中的部位。同时，卸荷致使应力差增大，使得裂纹面的剪应力增大。微裂纹周边岩体应力场由此发生变化，从压剪应力状态逐渐变为拉剪应力状态。图 4.1（a）为洞室开挖前的初始应力状态，图 4.1（b）为开挖过程中某一时刻微裂纹周边的应力场，切向应力 σ_1 增加，径向应力 σ_3 卸荷减小，图 4.1（c）为卸荷差异变形到一定程度后，径向应力 σ_3 转变为拉应力。正是在这种拉剪复合应力作用下，围岩内的微裂纹不断扩展贯通，宏观上表现为围岩卸荷损伤，从而形成 EDZ（黄达，2007）。

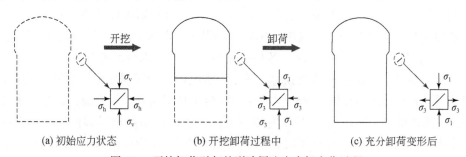

(a) 初始应力状态　　　(b) 开挖卸荷过程中　　　(c) 充分卸荷变形后

图 4.1　开挖卸荷引起的裂隙周边应力场变化过程

围岩 EDZ 的产生，表现为岩体物理力学性质和水理性质的劣化，如岩体内部节理裂隙出现扩展、贯通，新生微裂纹的扩展和连通，岩体声波波速下降以及渗透系数增大等。针对 EDZ，国际上目前尚未形成一个公认的定义，在国内当前也存在多个术语，如围岩松动圈、扰动区、塑性区、损伤区等。但根据已有的研究成果可知，沿开挖面向外围岩的损伤程度总体呈下降趋势，EDZ 的分布特性也呈现出差异化。依据损伤程度的不同，由内向外可划分为强开挖损伤区（High Excavation Damaged Zone，HDZ）、开挖损伤区（Excavation Damaged Zone，EDZ）和开挖扰动区（Excavation Disturbed Zone，EdZ），如图 4.2 所示（李志鹏，2016）。

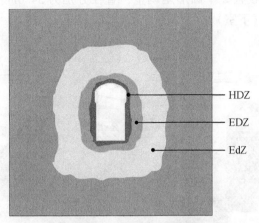

图 4.2　地下厂房开挖损伤区

4.3　地下洞群围岩卸荷损伤演化规律

地下洞群的开挖引起围岩卸荷损伤，不可避免地导致一系列变形破坏现象，威胁施工及运行安全，因此对该方面的研究是地下工程的重要课题。研究工程实际中出现的多种开挖导致围岩卸荷破坏形式，分析总结围岩卸荷损伤的时空演化规律，并基于岩体断裂力学理论揭示其损伤演化机理，有助于对此类灾变进行预防及有效控制，对于工程实践具有重要的指导意义。现有的多尺度技术手段，包括声波测试、微震监测、多点位移计、钻孔摄像和地质雷达等，丰富了地下洞群围岩的原位监测资料，使得对围岩 EDZ 的分布特征及演化规律进行综合分析和精确把握变为可能。

锦屏 I 级水电站大型地下洞群在施工过程中出现了包括劈裂、片帮、鼓胀、深层裂缝和喷混凝土层开裂在内的多种围岩卸荷破坏现象，最大深度可达 15m 的松弛区总体范围也处于较大水平。本节以锦屏 I 级地下洞群为工程实例，分析多种开挖过程中围岩卸荷变形破坏的特性，并基于现场多尺度监测资料，确定围岩 EDZ 的具体分级及分布特征，揭示围岩卸荷损伤的时空演化规律及内在机理。

4.3.1　卸荷变形破坏

锦屏 I 级水电站位于四川省凉山彝族自治州木里藏族自治县和盐源县交界处的雅砻江大河湾干流河段上，是雅砻江干流下游河段的控制性水库梯级电站。拦河坝为双曲拱坝，最大坝高305m，总装机容量 $3.6\times10^{6}kW\cdot h$，年均发电 $1.662\times10^{10}kW\cdot h$。地下厂房洞群位于大坝下游约350m的右岸山体内，水平埋深为 $110\sim300m$，垂直埋深为 $180\sim350m$。地下厂房系统主要由主厂房、主变室和两个圆形尾调室组成，如图4.3所示。主厂房和主变室平行布置，洞轴线为 N65°W，开挖尺寸（长×宽×高）分别为 276.99m×28.90m×32.70m、197.10m×19.30m×32.70m，主厂房与主变室间岩柱厚45m，尾调室采用"三机一室一洞"布置形式，设置 2 个圆形尾调室，直径分别为 34.0m、38.0m（下室），高度分别为 80.5m、79.5m（下室）。

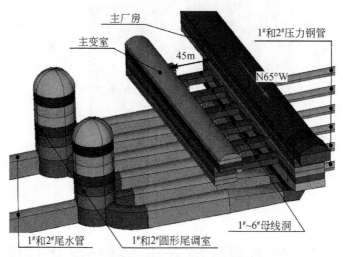

图 4.3　锦屏 I 级地下厂房系统布置图

如图 4.4（a）所示，锦屏 I 级地下厂房区域出露地层主要为中上三叠统杂谷脑组第二段第 2～4 层大理岩（$T_{2-3}z^2$、$T_{2-3}z^3$、$T_{2-3}z^4$）。围岩类别以 III_1 类为主，饱和单轴抗压强度 R_b＝60～75MPa。厂房区域主要发育 NE 向的 F_{13}、F_{14}、F_{18} 规模较大的 3 条断层，3 条断层近于平行发育，与厂房轴线夹角约为 45°；其中 F_{14} 为厂区一控制性断层，横穿过厂房主机间、主变室以及 $1^\#$ 尾调室等洞室，断层带起伏，破碎带宽度范围为 0.2～3.5m，上下盘影响带宽度范围一般为 3～5m，局部（如厂房上层下游侧）影响宽度则近 20m，风化较强，岩体呈黄色。与 F_{18} 断层相伴还发育有灰绿色云斜煌斑岩脉（X），分布于主厂房空调机房、第一副厂房、主变室及尾调室等位置，一般宽为 2～3m，局部达 7m，大多岩性较差，属 IV～V 类岩体。

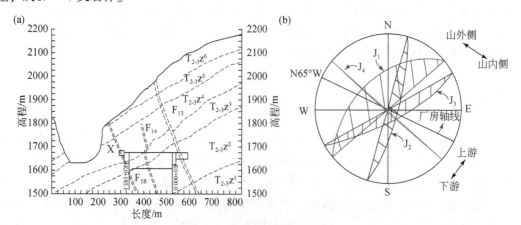

图 4.4　厂房区域地质条件示意图

（a）沿厂房中心线工程地质纵剖面图；（b）4 组节理赤平投影图

地下厂房区发育有 4 组优势节理（J_1、J_2、J_3、J_4），产状分别为 N30°～60°E/NW ∠30°～40°；N50°～70°E/SE ∠60°～80°；N25°～40°W/NE（SW）∠80°～90°；N60°～70°W/NE（SW）∠80°～90°。其中 J_1 裂隙在主厂房区最为发育，走向与厂房轴线近于平行呈陡倾状分布，其次为 J_2 裂隙，其与 J_1 交错切割厂房区域围岩，图 4.4（b）为 4 组节理裂隙与厂房轴线相对位置关系的赤平投影图。

可研阶段在地下厂房范围进行了 15 个测点的地应力测试。如图 4.5 所示，厂房区域地应力场为典型的高山峡谷区"驼峰状"应力分布形式，地应力较高的区域集中的水平埋深范围为 100～350m，地下厂房位于水平埋深 110～390m 段，正好位于应力集中区，没有避开高地应力区。实测厂房区域主应力为：$\sigma_1 = 20.0～35.7$ MPa，$\sigma_2 = 10.0～20.0$ MPa，$\sigma_3 = 4.0～12.0$ MPa。σ_1 的方向比较一致，为 N28.5°W～N71°W，平均为 N48.7°W，倾角为 20°～50°，平均倾角为 34.2°。围岩应力强度比 R_b/σ_m（R_b 表示单轴抗压强度，σ_m 表示厂房区域实测最大地应力值）为 1.5～3.0，因此厂房区处于高—极高地应力区。

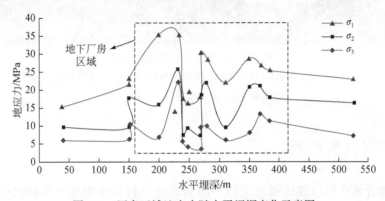

图 4.5　厂房区域地应力随水平埋深变化示意图

锦屏 I 级地下厂房开挖前岩体嵌合紧密，开挖爆破质量较好，半孔率在 90% 以上，开挖断面平整性控制较好，基本没有坍塌掉块现象。但开挖完成几个小时之后，围岩发生了一系列卸荷变形破坏，包括劈裂破坏、板裂破坏、挤压弯折破坏及大变形等。图 4.6 展示了厂房开挖及支护过程中出现的典型破坏现象。图 4.6（a）中主厂房下游拱肩处表面岩体呈片状挤压劈裂剥落，劈裂缝方向与开挖面近平行，起伏、粗糙，掉落岩块呈块状或薄片状，厚度为 20～30cm，有的甚至呈碎片状，表明岩体受到很大挤压应力作用。图 4.6（b）中衬砌混凝土严重劈裂破坏，衬砌脱空，钢筋肋拱挤压弯曲变形，表明主厂房下游拱肩处切向应力显著集中。图 4.6（c）中主厂房下游拱脚处新鲜岩体呈板状劈裂弯折破坏，裂面近似平行于开挖面，局部层面裂隙发育部位还可见沿层面张开。图 4.6（d）中主厂房下游拱肩处围岩向临空面卸荷回弹变形，并有板裂破坏发生，裂缝近似平行于节理面 J_1。开挖卸荷还导致边墙朝向临空面大变形，出现拉裂缝，钻孔出现明显的错位，如图 4.6（e）所示。多点位移计的监测结果显示，主厂房下游边墙围岩变形随着开挖步骤的进行不断增加，呈现出不收敛的趋势，即使在 2009 年 5～10 月的停工期间仍在增长。这是高切向应力作用下围岩流变的结果。据统计，主厂房所有监测点中有 14.5% 的变形超过了 50mm。松弛区的深度总体较大，最大可达 15m（主厂房断面 K0+126.8m 下游拱肩）。

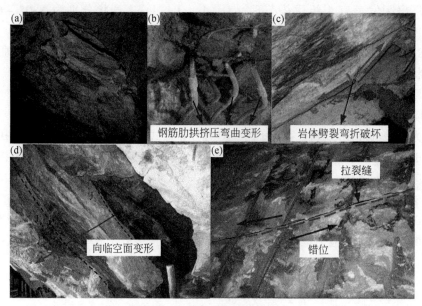

图 4.6　厂房围岩典型破坏现象

（a）岩体严重劈裂破坏；（b）钢筋肋拱挤压弯曲变形；（c）岩体劈裂弯折破坏；
（d）板裂破坏；（e）边墙拉裂缝及钻孔错位

4.3.2　围岩损伤检测

　　基于固体介质中弹性波传播理论的声波测试是分析岩体物理力学特性的重要技术手段。其原理是声波波速会随介质裂隙发育、密度降低、声阻抗增大而降低，随应力增大、密度增大而增加。因此，围岩中的声波波速高则说明围岩完整性好，波速低则说明围岩存在裂缝，围岩有破坏发生。通过手摇方法远距离发射声波，并接收调制声波，对钻孔波速进行观测和分析之后，即可确定围岩 EDZ 的分布情况（Barton，2007；邹红英和肖明，2010）。采用声波测试方法，对锦屏Ⅰ级地下洞群围岩进行损伤检测。主厂房每 30m 布置一个声波测试断面，共布置 6 个检测断面，每断面左右边墙各布置声波检测孔 6 个，共 12 个。其中顶拱布置 2 个，边墙布置 10 个，岩锚梁等关键部位钻孔同时作为长观孔。主厂房选取 1 个断面进行变形模量测试。

　　图 4.7 为锦屏Ⅰ级主厂房开挖期间断面 K0+31.7m 和 K0+126.8m 拱肩部位围岩的声波测试结果。如图 4.7（a）、（b）所示，随着开挖步骤的进行，断面 K0+31.7m 下游侧拱肩围岩一定孔深范围内（0~8m）声波波速急剧减小，而断面 K0+126.8m 的声波波速随时间呈波动趋势。至于上游侧拱肩围岩，如图 4.7（c）、（d）所示，断面 K0+31.7m 声波波速随时间呈强烈波动状态，断面 K0+126.8m 围岩只在孔深 0~4m 范围内声波波速有明显减小。这四种声波波速的变化均体现出不同程度的时间效应，尤其是在断面 K0+31.7m 上游拱肩和断面 K0+126.8m 下游拱肩处时效性均比较明显，围岩 EDZ 的范围也随着开挖的进行不断增大。

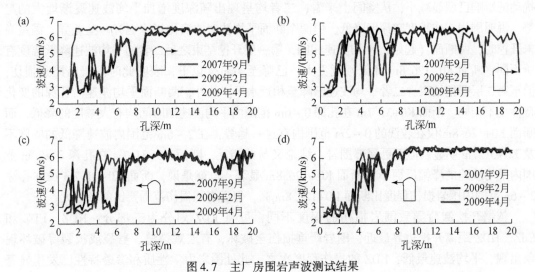

图 4.7　主厂房围岩声波测试结果

（a）断面 K0+31.7m 下游拱肩；（b）断面 K0+126.8m 下游拱肩；（c）断面 K0+31.7m 上游拱肩；

（d）断面 K0+126.8m 上游拱肩

　　图 4.8 为断面 K0+31.7m 及 K0+126.8m 下游拱肩部位围岩不同孔深处平均波速随时间的变化关系。从时间上来看，二者的平均波速在开挖 30 天之后均急剧减小，随着开挖步骤的进行不断降低但降低速率逐渐放缓，至第五层（边墙部位）开挖时基本趋于收敛，说明开挖

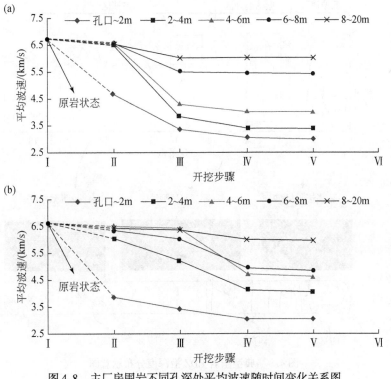

图 4.8　主厂房围岩不同孔深处平均波速随时间变化关系图

（a）断面 K0+31.7m 下游拱肩；（b）断面 K0+126.8m 下游拱肩

扰动的影响已明显减小；从空间上来看，二者均呈现出随深度增加平均波速逐渐增大的趋势，说明围岩损伤程度随深度降低。但两个断面平均波速的演化规律也有一些差异。洞室尚未开挖时，两断面（起始）平均波速相同，第一层开挖结束之后二者的平均波速降低幅度有所不同，断面 K0+126.8m 降低幅度更大，已降至 4km/s 以下，表明此时围岩已严重损伤，但至第二层开挖结束，二者平均波速已降至相近水平。此外，两断面平均波速沿孔深的变化特性也不相同。断面 K0+31.7m 在孔深 0~6m 范围内平均波速随时间均有大幅度的降低，而断面 K0+126.8m 仅在较浅的 0~2m 范围内有这一趋势，在 2~6m 范围内波速降低的幅度不及 K0+31.7m 明显。但至更深部围岩，结论又与此相反，断面 K0+31.7m 在孔深 8~20m 范围内平均波速的降幅反而不及断面 K0+126.8m 显著。也就是说，断面 K0+31.7m 虽在孔深 2~6m 范围内围岩损伤程度比断面 K0+126.8m 高，但后者的损伤范围要比前者更大。

依据开挖卸荷导致围岩损伤的程度不同，可将 EDZ 划分为三部分：HDZ、EDZ 和 EdZ。HDZ 距离开挖边界最近，围岩严重损伤至破坏，有宏观裂缝、劈裂或板裂等破坏现象出现，平均波速最低；EDZ 的损伤程度次之，此处围岩力学性质和渗透特性已发生显著改变；EdZ 的损伤程度最小，围岩力学性质和渗透特性无较大改变，且开挖扰动对工程长期运行安全无不利影响。在开挖卸荷的持续作用下，EDZ 可能会进一步发展演化，损伤范围及程度将会增加（Fattahi et al., 2013；戴峰等，2015）。借助声波测试、钻孔摄像和多点位移计等多尺度检测资料的综合分析，围岩 EDZ 的分布情况和演化规律即可确定。图 4.9 为锦屏 I 级主厂房围岩 EDZ 典型声波及钻孔摄像检测结果。如图所示，开挖边界周围

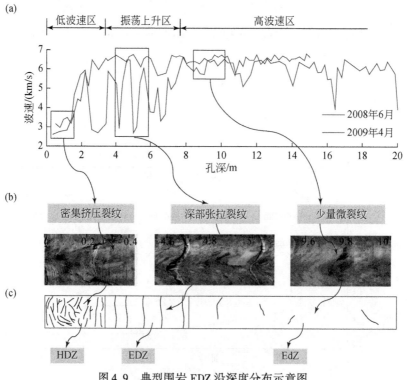

图 4.9　典型围岩 EDZ 沿深度分布示意图

的声波波速较低，平均波速低于 4000m/s，此区域为 HDZ。围岩损伤严重，挤压裂纹和剪切裂纹密集分布，并且呈现出因爆破振动和应力集中导致劈裂、板裂的明显迹象。比 HDZ 更深处是 EDZ，波速在 4000～5500m/s 范围内波动并呈上升趋势。此处有与开挖边界近似平行的新裂纹生成，断裂面呈现张拉特性，裂纹的形成使得波速的响应特性发生改变。最深处是 EdZ，此处波速较高，平均波速基本在 5500～6300m/s 范围内，呈较轻微波动趋势，仅稀疏分布有闭合裂纹，说明围岩仅遭受扰动而并无损伤。

基于现场声波测试结果及多点变位计位移监测结果，可得断面 K0＋31.7m 及 K0＋126.8m 围岩 EDZ 及变形的分布情况，如图 4.10 所示。总的来看，两个断面的 EDZ 范围均较大，多个部位的 EdZ 深度超过了声波测试量程的 20m，有的部位 EDZ 深度超过了 10m，且主厂房围岩 EDZ 范围整体大于洞室规模相对较小的主变室。相比断面 K0＋31.7m，断面 K0＋126.8m 的 EDZ 范围明显更大一些，而且 EDZ 在上下游两侧呈非对称分布。无论是主厂房还是主变室，该断面的下游侧围岩 EDZ 范围均大于上游侧，主厂房下游拱肩围岩 EDZ 深度甚至达到了 15m。而且该断面主厂房下游侧围岩 EDZ 的范围明显大于 HDZ 的范围，而断面 K0＋31.7m 在该部位的 EDZ 和 HDZ 深度之差则小得多。不过，断面 K0＋126.8m 的顶拱和上游拱肩围岩 EDZ 范围比较小，上游拱肩 EDZ 小于断面 K0＋31.7m。变形方面，断面 K0＋126.8m 的变形整体上大于断面 K0＋31.7m，上下游两侧变形呈非对称分布，与 EDZ 分布规律相似。受 F_{14} 断层影响，断面 K0＋126.8m 主厂房上游边墙岩性较差，变形量级达到了 30～60mm，严重变形岩层的深度为 4～6m。相比之下，围岩完整性更好的断面 K0＋31.7m 上游边墙变形为 10～25mm，且严重变形岩层更浅，深度为 1～3m。在主厂房下游侧，两个断面的变形均呈现出了明显的时效性，随着时间的推移变形达到了 50～70mm，断面 K0＋126.8m 严重变形岩层深度为 6～12m，大于断面 K0＋31.7m 的 3～6m，也大于上游侧。顶拱部位变形较小，基本在 10mm 以下。可见，围岩 EDZ 与变形的分布规律具有一致性。

4.3.3   围岩卸荷损伤演化规律

对锦屏Ⅰ级地下洞群围岩声波测试结果进行分析，根据波速随深度的不同变化特点，可将声波曲线分为图 4.11 所示的四种类型。

（1）Ⅰ型。声波曲线可分为三段，第一段为低波速段，此处靠近开挖边界，围岩严重损伤，为 HDZ；第二段波速波动上升，开挖卸荷导致应力重分布，使得该处新鲜裂纹萌生且相互平行，为 EDZ，围岩起裂处波速较低，而完整处波速较高；第三段为高波速段，有轻微波动，该处围岩遭受开挖扰动但并未损伤，为 EdZ。

（2）Ⅱ型。此类曲线常见于高地应力导致破坏区域，声波曲线可分为两段，与Ⅰ型曲线的区别在于没有Ⅰ型的第二段——"波速波动上升段"，或者有但非常短，可以忽略。此类曲线表明开挖边界处围岩损伤严重，为 HDZ，但更深处围岩未损伤，为 EdZ。

（3）Ⅲ型。此类曲线常见于开挖后应力调整区域，声波曲线可分为三段，与Ⅰ型曲线的区别在于第一段（HDZ）的波速随深度缓慢增加，而不像Ⅰ型稳定不变，之后两段（EDZ 和 EdZ）与Ⅰ型基本相同。

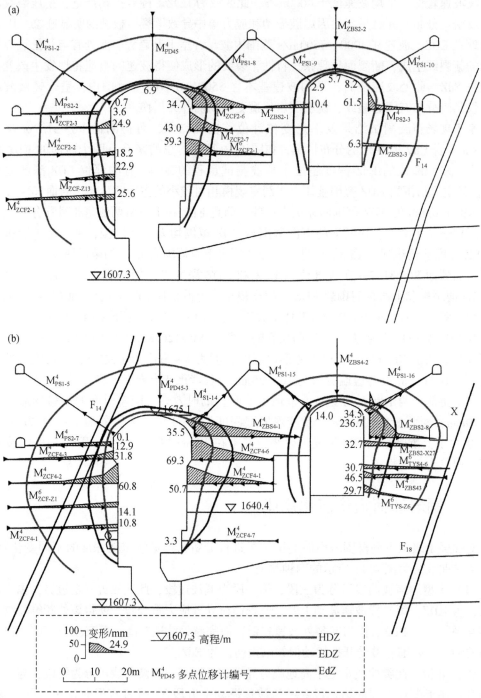

图 4.10　主厂房及主变室开挖后围岩 EDZ 与变形示意图

（a）断面 K0+31.7m；（b）断面 K0+126.8m

(4) Ⅳ型。此类曲线常见于开挖完成后的支护过程中，此时为围岩 EDZ 的产生和扩展阶段，声波曲线可分为两段，第一段波速波动上升，包含 HDZ 和 EDZ，第二段波速较高、轻微波动，为 EdZ（张建海等，2011）。

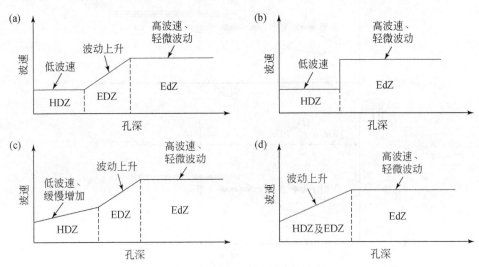

图4.11　四种声波测试曲线类型
(a) Ⅰ型；(b) Ⅱ型；(c) Ⅲ型；(d) Ⅳ型

随着开挖步骤的不断进行，声波曲线呈现出两种不同的时空演化路径，如图 4.12 所示。在洞室开挖之前，原岩处于一种三向压缩应力状态，即轴向应力、径向应力和切向应力三向压缩，岩体内声波波速基本在 6000～6300m/s。开挖扰动引起围岩损伤，开挖面附近波速降低，此时声波曲线为Ⅳ型。开挖导致径向应力释放，围岩体处于不稳定的双向高应力状态，使得围岩体向临空面回弹变形。此时微裂纹不断萌生、扩展、聚合，导致 EDZ 范围不断扩大。在开挖扰动的持续作用下，加之边墙不断升高，裂纹及 EDZ 逐渐向深部围岩发展。裂纹和 EDZ 由浅入深不断扩展的过程，声波曲线体现为从Ⅳ型演变为Ⅲ型，再演变为Ⅰ型，如图 4.12（b）所示。这种从Ⅳ型至Ⅲ型再至Ⅰ型的演化路径常见于围岩渐进型破坏的区域。而在高切向应力导致围岩破坏的区域，声波曲线表现出从Ⅳ型至Ⅲ型再至Ⅱ型的演化路径，如图 4.12（a）所示。此时裂纹及 EDZ 主要在靠近开挖面处形成，并不向深部围岩发展。

从整个主厂房开挖断面来看，断面 K0+31.7m 及 K0+126.8m 围岩 EDZ 随开挖步骤的演化过程如图 4.13 所示。可见，两断面的 EDZ 演化特性有所不同，断面 K0+126.8m 的 EDZ 范围更大，下游拱肩部位围岩 EDZ 深度甚至达到了 15m，而且上下游两侧呈非对称分布。断面 K0+126.8m 下游拱肩部位围岩 EDZ 的演化表现出非常明显的时效性特征，随着开挖步骤的进行 EDZ 不断扩大，尤其是前 5 层开挖过程中 EDZ 范围增长的较为明显。相比之下，断面 K0+31.7m 的 EDZ 分布更为对称，下游拱肩部位的 EDZ 范围仅在第二层和第三层开挖过程中明显增大，在之后的开挖过程中增加不太明显。初期形成的 EDZ 内平均波速下降显著，如图 4.8（b）中孔深 0～6m 范围内的声波曲线所示，表明初期 EDZ 经历了现存裂纹扩展和新裂纹萌生、发展的过程，损伤程度不断提高，HDZ 范围有所扩

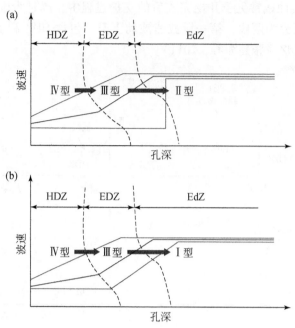

图 4.12　两种声波曲线演化路径

(a) 从Ⅳ型至Ⅲ型至Ⅰ型；(b) 从Ⅳ型至Ⅲ型至Ⅱ型

大，但 EDZ 范围增加较少。同时可以注意到，断面 K0+31.7m 上游拱肩部位围岩 EDZ 大于断面 K0+126.8m 上游拱肩处，并且呈现出时效性特征，这是因为该处的应力状态与断面 K0+126.8m 下游拱肩的应力状态相似，表现为渐进型破坏的特性。此外，边墙部位的 EDZ 也随着开挖卸荷和回弹变形不断增大。

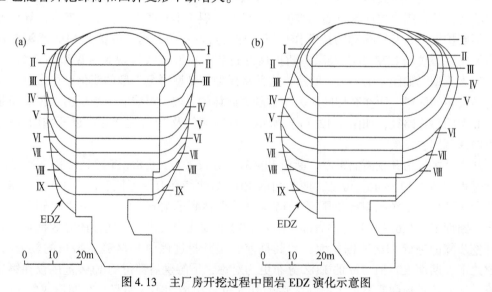

图 4.13　主厂房开挖过程中围岩 EDZ 演化示意图

(a) 断面 K0+31.7m；(b) 断面 K0+126.8m

4.3.4　卸荷损伤机理分析

如前文所述，地应力是地下洞室围岩稳定的根本影响因素之一，锦屏 I 级地下洞群围岩卸荷损伤特性以及两种不同的 EDZ 演化规律就是由地应力特性决定的。根据可研阶段对地下厂房区地应力的测试结果，以断层 F_{14} 为界，两侧区域的地应力（主要是第二主应力）特性有明显不同：靠山一侧，第二主应力方向与主厂房轴线呈较小交角，约为 10°，倾角约为 60°；而在河谷一侧，第二主应力方向与主厂房轴线夹角较大，为 60°~70°，倾角约为 50°。至于最大主应力和最小主应力的性质，这两个区域并无显著差异，最大主应力量值为 20.0~35.7MPa，方向 N30°~70°W，与主厂房轴线呈较小交角，平均倾角在 30°左右，最小主应力量值为 4.0~12.0MPa。正是这两个区域的第二主应力性质不同，造成了这两种围岩 EDZ 演化的差异性。

断面 K0+31.7m 位于靠山一侧，最大主应力和第二主应力与主厂房夹角均较小，为 10°~15°，这有利于主厂房的围岩稳定。但第二主应力的数值较大，为 10~25MPa，而且倾向上游，倾角约为 60°，这样的主应力状态导致主厂房下游拱肩部位的切向应力（σ_t）很大，如图 4.14（a）所示。在洞室开挖过程中，与最小主应力近似平行的径向应力（σ_r）释放，应力状态发生调整，切向应力在下游拱肩部位集中，并且不断增加。微裂纹随之萌生、扩展并相互聚合，在这种高切向应力的限制下，裂纹仅沿平行于开挖边界的方向扩展（Cai，2008）。加之此处节理 J_1 的存在恶化了围岩中裂纹的发展，最终靠近开挖面的表层围岩出现了较为严重的损伤，HDZ 范围较大。如图 4.6（a）、（b）所示，开挖表面的围岩劈裂剥落，喷混凝土层严重开裂，钢筋肋拱挤压弯曲变形。不过随着深度的增加，开挖扰动以及切向应力集中对围岩的损伤作用有所减弱，深部围岩并未遭受损伤。严重变形围岩多位于浅层，低声波波速也分布于浅层，声波曲线演化趋势为从 IV 型至 III 型至 II 型，如图 4.7（a）、图 4.8（a）、图 4.12（a）所示。围岩 HDZ 范围较大，但 EDZ 范围并没有比 HDZ 大很多，如图 4.10（a）所示。

而断面 K0+126.8m 位于靠河一侧，第二主应力较大，量值为 10~25MPa，方向近似垂直于主厂房轴线方向，交角 60°~70°，倾向上游侧，倾角 50°。这样的主应力状态导致近似平行于第二主应力的径向应力（σ_r）较大，但切向应力（σ_t）不及断面 K0+31.7m 的大，如图 4.14（b）所示。原是处于高围压状态下的岩体，开挖后将向临空面卸荷回弹变形（幸享林和陈建康，2011）。随着岩体开挖卸荷，该断面围岩的径向应力（σ_r）降至接近于 0，围岩体向临空面回弹变形，在已有微裂纹的尖端产生了应力集中。张拉裂纹随之沿着 J_1 节理扩展，在回弹变形幅度较大处裂纹分布较为密集，加上切向应力较大，且与 J_2 节理大角度相交，致使下游拱肩围岩出现劈裂剥落、弯折、鼓胀和开裂等破坏现象，如图 4.6（c）、（d）所示。靠近开挖边界处的表层岩体声波波速极低，围岩损伤严重，为 HDZ，挤压裂纹密布，并有剪切裂纹分布，如图 4.7（b）、图 4.9 所示。随着开挖卸荷的持续进行，应力重分布范围不断扩大，裂缝逐渐向深部围岩扩展，EDZ 范围更加深入，声波曲线演化趋势为从 IV 型至 III 型至 II 型，如图 4.12（b）所示。由于径向应力卸载、应力重新分布、二次应力场范围扩大是一个随时间渐进的过程，因此该断面的围岩 EDZ 发展表现出明显的时效性特征，EDZ 范围随时间推移不断扩大，围岩变形也随时间逐渐增大，破坏现象表现为渐进型破坏形式，与断面 K0+31.7m 的 EDZ 扩展随开挖步骤有所收敛显著不同，如图 4.8、图 4.13 所示。最终，下游拱肩部位围岩 EDZ 范围远大于 HDZ，最大 EDZ 深度可达 15m，HDZ 与 EDZ 范围之差相比断面 K0+31.7m 更大一些，如图 4.10 所示。后续的开挖形成高边墙，卸荷回弹变形加剧，边墙部位围岩出现多处张拉裂缝，钻孔出现错位现象，如图 4.6（e）所示。此外，主变室的尺寸相比主厂房较小，而且围岩质量略好一点，因此其围岩 EDZ 的范围也较小（Chen et al., 2015；Li et al., 2017a）。

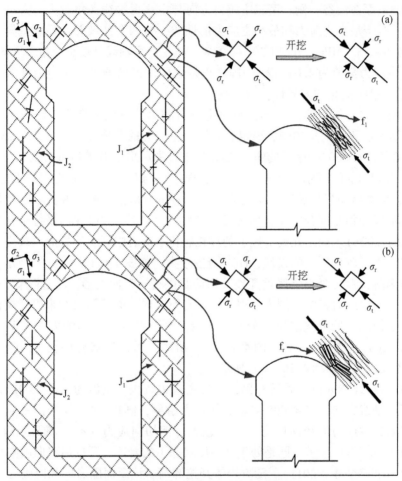

图 4.14　两种典型破坏模式机理

(a) 高切向应力破坏；(b) 渐进型破坏

4.4　本　章　小　结

地下洞群的开挖扰动导致围岩应力重分布，在二次应力作用下围岩内部的微裂纹和微缺陷不断萌生、扩展，宏观上表现为围岩的损伤、变形和破坏。本章基于岩体断裂力学原理，对围岩开挖卸荷损伤机理进行了分析。开挖过程中围岩应力状态发生改变，出现了拉剪应力状态，使得围岩微裂纹扩展贯通，导致围岩卸荷损伤，形成 EDZ。

针对锦屏 I 级地下洞群施工过程中出现的多种围岩卸荷变形破坏现象，运用包括声波测试、多点位移计和钻孔摄像在内的多尺度技术手段对围岩卸荷损伤特征及演化规律进行分析。依据损伤程度不同，可将围岩 EDZ 划分为 HDZ、EDZ 和 EdZ 三部分，并分析了典型断面围岩 EDZ 的分布和演化特性。围岩 EDZ 随开挖步骤不断发展演化，总体呈现出两种不同的演化规律：高切向应力破坏和渐进型破坏。前者表现为高切向应力作用下表层围岩严重损伤，HDZ 范围较大，开挖表面围岩劈裂剥落、喷混凝土层开裂、钢筋肋拱挤压弯曲变形，但深部围岩损伤程度不大，严重变形围岩多位于浅层，EDZ 与 HDZ 范围差别不大；后者虽也出现围岩劈裂剥落、弯折、鼓胀和开裂等破坏现象，但 EDZ 的演化规律与前者不同，EDZ 发展表现出明显的时效性、渐进性特征，EDZ 范围随时间不断扩大，围岩变形不断增长，最终下游拱肩围岩 EDZ 范围远大于 HDZ。导致这两种不同围岩卸荷损伤演化规律的根本原因是各自所属区域初始地应力场特性（主要为第二主应力方向）的差异。

第5章 地下洞群关键部位围岩变形破坏特性

5.1 概 述

地下洞室围岩变形破坏是一个十分复杂的二次应力应变场自适应调整过程，与岩体工程地应力条件、地质特性、岩体结构、洞室规模、开挖爆破控制、支护强度和时机等众多因素密切相关（陈仲先和汤雷，2000；丁秀丽等，2008；江权等，2008b）。水电站大型地下洞群由于其洞室尺寸大、空间效应突出，洞群分层分区开挖造成施工相互影响，在高地应力及复杂地质条件下围岩变形破坏问题突出。结合大型地下洞群围岩变形破坏相关工程案例，分析发现洞群围岩变形破坏主要集中在顶拱、岩锚梁以及岩柱高边墙等部位，如图5.1所示（刘国锋等，2016；段淑倩等，2017；魏进兵等，2010；Li et al.，2017b；Xiao et al.，2017）。例如，大岗山水电站主厂房顶拱层扩挖过程中受爆破施工影响，上游边墙与顶拱交汇处的辉绿岩脉发生大规模垮塌，塌方规模达3000m³之多，是我国水电站地下厂房中首次出现如此大规模的塌方，塌方处治长达一年半，导致了工期延长，投资增大（魏志云等，2013）；猴子岩水电站地下厂房施工过程中岩锚梁受爆破开挖影响导致应力集中在岩锚梁附近，岩锚梁混凝土产生较多裂缝，裂缝最大宽度达5.4mm，对岩锚梁施工构成较大的安全威胁（徐富刚等，2015）。

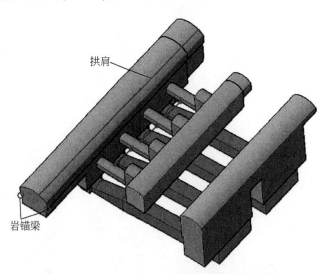

图5.1 地下厂房围岩变形破坏关键部位示意图

水电工程地下厂房不仅具有跨度大、边墙高、交叉洞室多等特点，多层次多工序的开挖施工过程导致洞室围岩变形破坏问题突出且与一般隧洞存在差异。地下洞室开挖过程中，由于岩体中原有结构面的存在，再加上洞室开挖后应力重新分布与集中，以及爆破作业的影响，在洞室顶部一定范围内会形成岩石松散圈，当洞室跨度不大且围岩较为坚硬完整时，松散圈内岩石相互挤压，将在洞室轮廓线外形成一个天然的具有自承能力的岩石拱，并承受因自重而产生的主要荷载（王丹和吴静，2011）。而对于跨度大、顶拱比较平缓的地下厂房洞群，开挖过程中顶拱并不能依靠自身的应力调整形成具有自承能力的自然拱，要维持顶拱稳定，更多的是依靠支护的悬吊作用（黄秋香等，2013b）。当地下洞群处于复杂地质条件且受到后续爆破开挖冲击荷载作用时，顶拱周围岩体还要考虑惯性力的作用，其受力状况相比一般洞室具有自承能力的岩石拱而言将会更加恶劣，因此顶拱围岩变形破坏问题成为水电工程地下洞群安全施工的重大威胁。岩锚梁是利用锚杆将钢筋混凝土锚固在岩壁上，使其能够承受自重和吊机的重量，其形成于洞室开挖的早期，加快了施工进度、降低了施工成本，在大型地下厂房建设中得到了广泛的应用（陈仲先和汤雷，2000；李宁等，2008）。地下厂房岩锚梁成型较早且受力条件复杂，在后续的洞室爆破开挖过程中，应力集中可能导致岩锚梁附近围岩发生大变形及开裂，进而导致附着在上面的岩锚梁开裂，且多为垂直于梁体长度方向的竖向裂缝，对结构安全造成巨大威胁，如果不引起足够重视，可能引起岩锚梁结构破坏，严重影响厂房后续施工及安全运行。大跨度、高边墙地下厂房洞群结构复杂，施工过程中相邻洞室开挖形成岩柱体，薄岩柱在洞室同时施工时围岩双向卸荷使得应力调整更加明显，导致围岩开挖损伤区范围较大，当地质条件较差时还存在损伤区贯通的风险，严重威胁洞室结构安全。另外，施工过程中岩柱体还要承受上下游侧拱座传递下来的压应力，在这种近似单轴压缩情况下，岩柱四周岩体因开挖卸荷变形松弛，浅部的破坏松弛岩体承载能力下降，容易产生拉裂缝，影响岩柱及洞室整体稳定性（黄润秋等，2011）。

地下洞群顶拱、岩锚梁及岩柱等均是洞室稳定安全的关键部位，施工过程中围岩变形破坏问题突出且复杂，针对具体部位研究围岩变形破坏特性，以提出具有针对性的支护措施，对保证洞室结构安全具有重大意义。本章在已有研究资料的基础上，结合工程实例分别研究了我国典型地下洞群顶拱、岩锚梁、岩柱等关键部位的围岩变形破坏特性，研究结果可为大型地下洞群关键部位围岩提出更为经济合理有效的支护措施。

5.2　顶拱变形破坏特性研究

地下洞室开挖过程中，由于岩体中原有结构面的存在以及洞室开挖后应力重分布的影响，在洞室顶部一定范围内会形成岩石松散圈，当洞室跨度不大且围岩较为坚硬完整时，松散圈内岩石相互挤压，将在洞室轮廓线外形成一个天然的具有自承能力的岩石拱。但对于跨度大、顶拱比较平缓的地下厂房洞群，开挖过程中顶拱并不能依靠自身的应力调整形成具有自承能力的自然拱，要维持顶拱稳定，更多地要依靠支护的悬吊作用。目前我国已建或在建的水电工程大多位于西部高山峡谷地区，复杂的地质条件及高地应力场给顶拱围岩稳定带来更大的威胁，当受到爆破开挖冲击荷载作用的时候，若支护未及时或支护强度不够，常会导致顶拱围岩掉块、塌方以及出现喷层裂缝等围岩大变形破坏现象。譬如，瀑布沟水电站地下厂房主厂房顶拱层扩挖过程中，开挖爆破失控以及支护的不及时造成厂房上游侧拱座附近出现多处坍塌,下游侧拱座附近也出现明显超挖;白鹤滩水电站左岸地下厂房受高地应力及错动带影响导致主厂房顶拱层开挖后顶拱及上下游拱肩均出现明显的喷层开裂、掉块现象,给支护方案的设计提出了更高的要求。大型地下厂房洞群通常采用分层开挖的方案,顶拱围岩的稳定是保证整个工程安全顺利施工的关键,因此,针对大型地下洞群顶拱部位,研究其围岩变形特征,分析其围岩破坏现象及形成机制,对于施工方案的拟定、加固措施的选取,以及确保围岩稳定具有重要的意义。

本节以高地应力复杂地质条件下猴子岩地下洞群为工程实例,结合监测分析资料对施工期三大洞室顶拱围岩变形特征进行了分析,描述了顶拱围岩典型破坏现象,并针对围岩破坏现象从地质力学角度对围岩破坏机制进行了探讨,研究结果对大型地下洞群顶拱围岩施工及支护方案的设计具有借鉴和指导意义。

5.2.1　工程概况

猴子岩水电站位于四川省甘孜藏族自治州康定县境内,电站引水发电系统布置于大渡河右岸山体内,总装机容量1700MW。地下厂房洞群主要包括主厂房、主变室、尾调室、尾水连接洞、压力管道以及尾水洞,其中主厂房、主变室以及尾调室三大洞室平行布置于右岸 280 ~ 510m 山体内,主厂房洞轴线方向 N61°W。主厂房尺寸为 219.5m×29.2m×68.7m(长×宽×高),顶拱高程 1730.5m,顶拱开挖跨度达 29.2m;主变室位于主厂房下游,两者之间岩柱厚46.7m,开挖尺寸 141.0m×18.80m×25.2m(长×宽×高),顶拱开挖跨度达 18.80m;尾调室位于主变室下游,两者之间岩柱厚 44.75m,尾调室共设置 2 个调压室,长宽高分别为 66.2m×23.5m×75m 和 59.3m×23.5m×75m,顶拱开挖跨度23.5m。

猴子岩地下厂房洞群岩性主要为下泥盆统(D_1^1)第⑨层中厚层-厚层-巨厚层状,局部夹薄层状白云质灰岩、变质灰岩,岩层产状总体为 N50° ~ 70°E/NW ∠25° ~ 50°,走向与厂房轴线大角度相交,倾向山内。地下厂房围岩完整性相对较好,围岩类别以Ⅲ₁、Ⅲ₂为主,局部地区为Ⅳ类,岩石饱和单轴抗压强度为 65 ~ 100MPa。厂房区域无区域性断裂通过,仅主机间上游发育一条宽 1.0 ~ 1.5m 的断层 F_{1-1},其他结构面主要为Ⅲ、Ⅳ级的小断层、挤压破碎带和节理裂隙。厂房区域主要节理裂隙有 5 组:①N35° ~ 60°E/NW ∠20° ~ 55°,层面裂隙,最为发育;② EW/N ∠55° ~ 80°;③N30° ~ 80°W/NE ∠30° ~ 70°;④N35° ~ 60°E/SE ∠35° ~ 45°;⑤N20° ~ 60°W/SW ∠20° ~ 60°。图 5.2 为地下厂房洞群顶拱层地质平面图。

采用钻孔应力消除法对地下厂房区域进行了 6 组地应力测试,结果表明厂房区域地应力场以构造应力为主。实测厂房区域最大主应力 $\sigma_1 = 21.53 ~ 36.43$MPa,平均约为28.33MPa,方向 N40.7° ~ 74.7°W,与厂房轴线夹角为 13.7° ~ 20.3°;第二主应力 $\sigma_2 = 12.06 ~ 29.80$MPa,平均 21.15MPa,方向 NW7.1° ~ SE32.4°;第三主应力 $\sigma_3 = 6.20 ~ 22.32$MPa,结合地下厂房区域地应力实测结果和岩体强度分析,猴子岩地下厂房岩石强度应力为 2 ~ 4,属于高地应力区。各地应力测点主方向全空间赤平投影如图 5.3 所示,从图中可以看出,最大主应力方向较为集中且与厂房轴线夹角较小,对厂房围岩稳定较为有

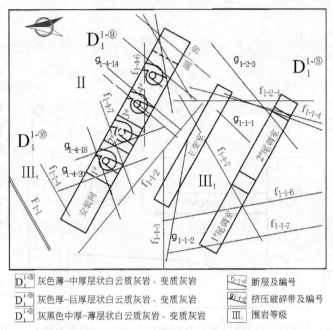

图 5.2　猴子岩地下厂房洞群顶拱层工程地质平面图（高程 1731.0m）

利，但第二主应力数值同样偏大且与厂房轴线近乎垂直，洞室开挖后围岩沿第二主应力方向卸荷，使得洞周切向应力集中并产生张拉应力，对洞室围岩稳定不利。

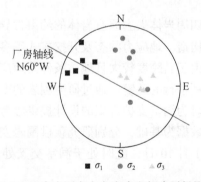

图 5.3　地应力测点主方向全空间赤平投影图

　　猴子岩地下厂房洞群采用分层分步开挖，开挖分层情况如图 5.4 所示，从图中可以看出，主厂房共分 9 层开挖，其中顶拱于 2011 年 11 月 1 日到 2012 年 5 月 24 日开挖完成；主变室分 3 层开挖，顶拱层开挖时间为 2012 年 3 月 9 日到 2012 年 9 月 27 日，整个主变室于 2013 年 4 月 5 日开挖完成；尾调室分 10 层开挖完成。地下厂房洞室群围岩变形监测主要采用多点位移计，厂房区域共布置 6 个监测断面，依次为安装间桩号 K0+014.80m 断面、1# ~4# 机组中心线以及副厂房中心线。针对顶拱层，分别在拱顶和上下游拱肩布置多点位移计，图 5.4 为典型断面顶拱层监测仪器布置图。

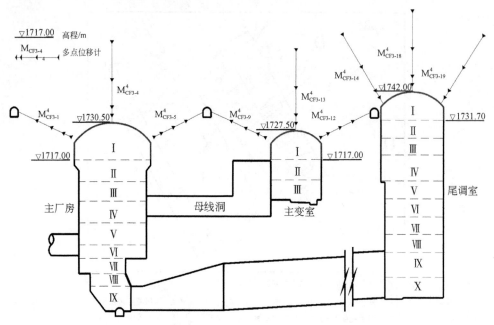

图 5.4　地下厂房洞群分层开挖方案及典型断面顶拱层监测仪器布置图（2#机组中心线）

5.2.2　猴子岩地下洞群顶拱围岩变形特征

地下洞室开挖后，洞室四周岩体失去原有岩体的约束常导致围岩向内变形，围岩的变形受岩性、岩体结构、地质构造、地应力状态及开挖方式等多种因素的影响。变形是破坏的先导，大型地下洞群顶拱由于其跨度较大且地质条件及地应力条件复杂，洞室开挖后顶拱围岩的稳定是保证工程顺利进行的关键，通过研究围岩的变形特征，可以了解洞室开挖后围岩的变形破坏状态，同时为洞室支护方案的设计提供参考。本节以猴子岩水电站地下洞群三大洞室顶拱围岩监测数据为基础，分别研究顶拱围岩变形量级与时空分布特征，监测数据截止时间为 2013 年 11 月 10 日，此时处于洞室交叉处的主厂房第四层以及主变室已经开挖完成。

1. 围岩变形量级

地下洞群三大洞室主厂房、主变室以及尾调室顶拱层共布置 42 个测点，统计地下洞群各监测断面顶拱部位表面测点位移，得到洞室围岩位移量级分布，如图 5.5 所示。由图可知，三大洞室顶拱层位移整体相对偏小，一般小于 30mm，其中洞壁位移量小于 10mm 的占 42.86%，位移量在 10~20mm 和 20~30mm 的分别占 26.19% 和 23.81%，位移量大于 30mm 的仅占 7.14%。地下洞群顶拱层最大位移达到 88.71mm，位于主变室5-5监测断面（4#机组中心线）上游拱肩；主厂房顶拱最大位移为 46.6mm，位于 4-4 监测断面（3#机组中心线）拱顶；尾调室顶拱最大位移为 37.4mm，位于 3-3 监测断面（2#机组中心线）上游拱肩。从位移量级分析来看，尽管猴子岩地下洞群顶拱整体位移量级相对偏小，但最大位移较大，随着后续开挖爆破施工的影响，可能会导致围岩位移进一步增大，对围岩稳定产生较大威胁，因此需重点关注围岩位移发展规律，关键部位及时布置支护措施。

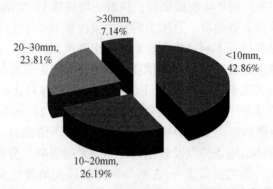

图 5.5　地下厂房三大洞室顶拱围岩位移量级分布图

2. 围岩变形空间分布特征

结合地下厂房顶拱层洞壁围岩位移监测数据，从位移空间分布规律来看，围岩位移在水平方向上沿洞室四周的分布极不均匀。图 5.6 为主厂房顶拱层围岩位移沿水平方向变化规律图。从图中可以看出，拱顶及上下游拱肩沿洞周水平方向的变化规律基本一致，随着桩号的增大（从山内到山外），围岩位移先增大后减小再增大，位移较大处主要集中在 3-3、4-4 断面以及 6-6 断面。从图 5.2 地下厂房洞群顶拱层工程地质平面图可以看出，这几处断面揭露的断层、挤压破碎带较多且相互切割。高地应力条件下洞室的开挖造成围岩应力集中与重分布，对围岩变形产生较大影响，尤其在断层、挤压破碎带等各类结构面发育的部位，其相互切割组合形成不稳定块体，使得洞室开挖卸荷及爆破施工作用下块体产生较大变形。主变室及尾调室顶拱层围岩位移在水平方向沿四周的分布同样不均匀，且与地质结构面的发育程度有较大联系，因此断层、挤压破碎带的不均匀分布及高地应力影响是地下厂房顶拱围岩变形分布不均匀的主要原因。

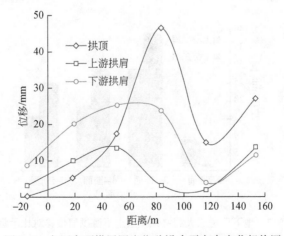

图 5.6　主厂房顶拱层围岩位移沿水平方向变化规律图

　　从竖直方向来看，地下洞群拱顶位移总体上要小于拱肩位移，厂房三大洞室拱顶布置测点 14 组，上下游拱肩布置测点 28 组。通过统计分析发现，拱顶平均位移为 12.93mm，最大位移 46.6mm 位于主厂房 4-4 断面拱顶；拱肩平均位移 16.55mm，最大位移 88.71mm 位于主变室 5-5 监测断面上游拱肩。总体上洞室拱顶位移要小于上下游拱肩位移，但顶拱层局部受断层、挤压破碎带等不利结构面影响，会出现拱顶位移大于拱肩位移的情况，如图 5.6 所示，主厂房顶拱层靠近河谷一侧拱顶位移明显大于上下游拱肩位移。

　　图 5.7 为地下厂房三大洞室顶拱层上下游拱肩监测位移对比示意图，从图中可以看出，主厂房下游拱肩位移整体大于上游拱肩，下游最大位移 25.26mm，上游拱肩最大位移 13.86mm；而主变室与尾调室则是上游拱肩位移普遍大于下游拱肩。围岩变形主要受地应力条件、地质条件、岩体结构条件以及开挖施工等因素的影响，分析图 5.3 猴子岩地下厂房区域地应力条件发现，第二主应力 σ_2 方向与洞室轴线大角度相交，洞室开挖后围岩朝 σ_2 方向卸荷，由于 σ_2 数值较大，开挖后应力重分布导致应力集中数值相对较大，围岩变形数值较大；另外 σ_2 方向与岩层走向小角度相交且偏向上游，对下游侧拱肩而言，洞室开挖卸荷相当于沿顺向斜交坡面卸荷，这种有利的卸荷条件使得卸荷速率更快。黄润秋等（2011）以锦屏大理岩为对象，研究了高地应力条件下卸荷速率对其力学特性的影响，发现高地应力条件下，围岩卸荷速率越快，围岩脆性特征越明显，越易产生破坏，由于变形

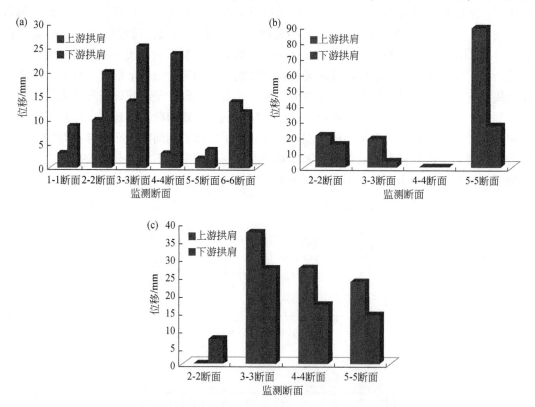

图 5.7　地下厂房三大洞室顶拱层上下游拱肩位移对比示意图

(a) 主厂房；(b) 主变室；(c) 尾调室

是破坏的先导，这可能是主厂房下游侧拱肩位移较大的原因之一。除此之外，主厂房开挖后下游侧揭露的断层、挤压破碎带更为发育，其相互组合形成的不稳定块体在开挖卸荷及爆破施工作用下易产生较大变形。主变室及尾调室上游拱肩位移普遍较大的主要原因也与断层、破碎带等不利结构面有关，另外主变室上游侧拱肩位移较大，还与邻近洞室（如主厂房、母线洞）开挖所引起的"群洞效应"密切相关。

3. **围岩变形时间分布特征研究**

地下洞群施工过程中，围岩变形随时间的变化规律与施工开挖关系密切，由于洞群顶拱层开挖成型时间较早，后续爆破施工可能会对顶拱围岩变形产生较大影响，通过研究地下厂房洞群顶拱围岩变形时间特征，分析其收敛性，可以为支护时机的选取提供参考，确保顶拱围岩的稳定以及后续施工的安全。结合猴子岩水电站地下厂房洞群顶拱层施工期监测资料进行系统整理分析，总体上，拱顶围岩由于开挖时间早且支护较为及时，在厂房第二层爆破开挖施工后变形已基本收敛，典型围岩变形随时间变化规律如图 5.8（a）所示。从图中可以看到，拱顶围岩变形受第二层爆破开挖施工影响，发生较大突变，但随着支护措施的布置以及时间的推移，变形已不再受后续开挖施工的影响，呈现出明显的收敛特性。只有 4-4 监测断面拱顶测点 M_{CF4-5}^4 围岩变形较为特殊，从图 5.8（b）可以看出，该断面围岩变形受后续开挖爆破施工影响较大，变形随着厂房的开挖而持续增长，主厂房第四层开挖完成后，围岩变形已达 46.6mm 且仍没有收敛，呈缓慢增加趋势。分析原因，可能与该断面拱顶附近断层、挤压破碎带较发育有关，因此，针对该断面拱顶围岩需要加强支护强度同时及时分析其收敛特性，确保其变形不对围岩稳定产生较大影响。

拱顶围岩变形收敛较早，而拱肩位移普遍受厂房后续开挖施工影响，图 5.9 为地下厂房拱肩典型围岩变形随时间变化规律曲线图。从图中可以看出，主厂房拱肩变形呈现出高地应力条件下地下厂房典型的"台阶型"变化趋势，围岩变形受后续开挖爆破影响，短时间内产生突变，这主要是因为高地应力条件下洞室开挖后岩体能量积聚，达到一定程度后

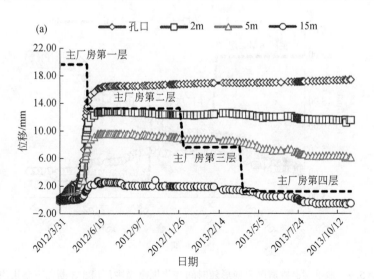

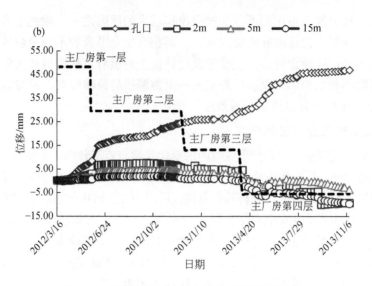

图 5.8　地下洞群拱顶围岩变形随时间变化规律

（a）拱顶围岩变形普遍时间特征（多点位移计 M_{CF3-4}^4）；（b）拱顶围岩变形特殊点时间特征（多点位移计 M_{CF4-5}^4）

受爆破等因素影响，能量瞬间释放，表现出围岩应力调整的突发性，体现了脆性岩石的破坏特征。对比拱顶围岩变形时间特征，拱肩围岩变形收敛性较差，距离拱肩部位较远的主厂房第四层开挖施工同样对其变形产生较大影响，且变形未呈现出明显的收敛趋势。从图 5.9 可以看出，主厂房第四层施工期间，围岩变形仍呈明显的台阶状增长，与施工过程密切相关。对于拱肩而言，虽然施工作业面已远离，但由于第四层母线洞等交叉洞室的存在，施工强度大、爆破频繁，对拱肩部位围岩位移发展产生较大影响，因此在复杂地质条件下的施工过程应尽量避免平行施工，及时跟进支护并加强支护强度，保证围岩变形及时收敛。

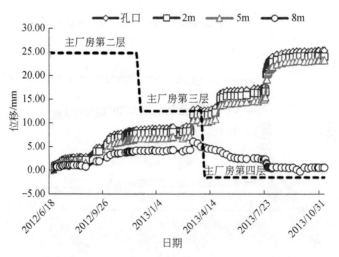

图 5.9　地下洞群拱肩围岩变形随时间变化规律（主厂房 3-3 断面下游拱肩）

5.2.3 猴子岩地下洞群顶拱围岩破坏特征及机制分析

猴子岩水电站地下洞群在施工开挖期间，顶拱围岩破坏特征复杂，通过收集整理相关资料，发现猴子岩地下洞室顶拱围岩破坏模式以应力控制型为主，岩体结构控制型及复合控制型所占比例较少（李志鹏等，2014，2017），下面将分别介绍猴子岩地下洞室顶拱围岩破坏特征及其机制。

1. 岩爆

猴子岩地下洞群顶拱岩爆破坏现象较为普遍，破坏一般发生在开挖后的 2h 左右，贯穿整个开挖施工期，随着支护措施的施工，破坏将趋于缓和，在破坏过程中伴随声音较大的闷响。岩爆、弱岩爆现象的具体破坏形式表现为围岩呈洋葱式剥离、剥落、劈裂、崩射、坍塌、塌方等。图 5.10 为猴子岩地下洞群顶拱岩爆破坏现象，其中图 5.10 (a) 发生在主厂房上游侧，其破坏程度及规模较大，表现出坍塌、塌方的破坏形式；图 5.10 (b) 发生在尾调室顶拱，岩爆表现为剥离、剥落的现象，脱离围岩块体整体呈片状或板状。

猴子岩地下厂房区域地应力水平较高，最大主应力达到 36.43MPa，同时围岩完整性相对较好，围岩类别以 III$_1$、III$_2$ 类为主，在这种高地应力、完整硬岩条件下，随着洞室顶拱的开挖，产生应力集中现象并导致岩体内积累大量弹性应变能，当超出岩体储能能力时即会导致岩体微裂纹的萌生、发展并最终发生突发性的岩爆破坏。

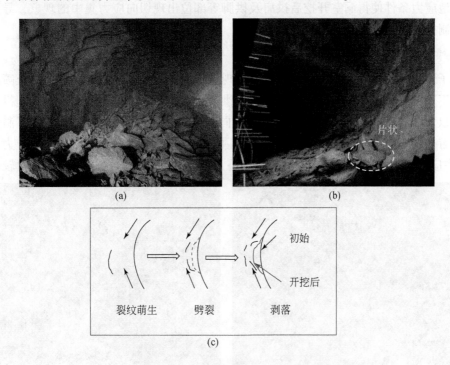

图 5.10 猴子岩地下洞群顶拱围岩爆破坏现象及机理

(a) 猴子岩主厂房顶拱上游侧坍塌型岩爆；(b) 猴子岩尾调室片状、板状剥落岩爆；(c) 岩爆破坏机制示意图

2. 片帮

猴子岩地下厂房区域顶拱围岩片帮破坏现象主要发生在主厂房及主变室下游拱脚附近，图 5.11 为主厂房下游拱脚围岩片帮剥落破坏，从图中可以看到围岩呈层状剥落，掉落的岩块整体呈片状或块状，由于应力水平较高，有的岩体喷射而出对钢筋网造成一定程度的损坏。

图 5.11　猴子岩地下洞群主厂房下游拱脚围岩片帮剥落破坏

猴子岩地下厂房区域地应力场较为特殊，厂房区域第二主应力值较大且与最大主应力值相差不大，现场实测结果表明第二主应力 $\sigma_2 = 12.06 \sim 29.80\text{MPa}$，最大达到 29.80MPa，较大的地应力条件使得洞室开挖后拱肩及拱脚等部位出现切向应力集中的现象，导致围岩出现压制拉裂并最终劈裂破坏、剥落。

3. 喷层裂缝

猴子岩地下洞群顶拱层混凝土喷层开裂现象较为普遍，通过统计发现混凝土喷层裂缝大多数不连续，呈锯齿状断续弯曲延伸，顶拱层裂缝主要集中在上游侧岩锚梁到拱肩的边墙部位以及下游侧拱肩部位，以水平向及斜向裂缝为主，图 5.12 为猴子岩地下洞群主厂房上下游拱肩喷层裂缝现象。经分析，造成顶拱层喷层裂缝的原因与猴子岩地应力场呈现"第二主应力值大，且与最大主应力值相差不大"的特征密切相关，第二主应力较高且与

图 5.12　猴子岩地下洞群主厂房上下游拱肩喷层裂缝现象

厂房轴线近垂直，岩体内积累的压缩变形能较大，洞室开挖后围岩沿着第二主应力方向卸荷，会产生较大的临空向变形，即张拉变形，当变形超过岩体的变形能力时，岩体破裂，进而表现出混凝土喷层开裂。

4. 掉块

猴子岩地下洞群顶拱围岩破坏模式以应力控制型破坏为主，但局部受不利结构面控制仍然存在块体掉落等岩体结构控制型破坏，图 5.13 为猴子岩地下洞群主变室顶拱块体掉落现象，这主要是因为主变室顶拱存在多组不同产状的结构面，其与临空面切割形成可动块体，洞室开挖后在重力及爆破扰动下掉落下来。

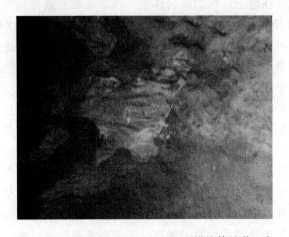

图 5.13　猴子岩地下洞群主变室顶拱块体掉落现象

5.2.4　小结

针对地下洞群顶拱变形破坏问题，以猴子岩地下洞群为工程实例，基于施工期围岩变形监测数据研究顶拱围岩变形量级与时空分布特征，同时对洞群顶拱围岩破坏特征及机制进行了分析，主要结论如下：

（1）基于猴子岩地下洞群顶拱层施工期围岩变形监测数据，三大洞室顶拱层围岩变形相对较小，92.86% 的测点位移小于 30mm，顶拱层局部受不利结构面影响位移较大，最大为 88.71mm，位于主变室 5-5 监测断面上游拱肩。从空间特征上分析，顶拱层围岩位移分布与断层、破碎带等不利结构面的发育密切相关，拱顶位移普遍小于上下游拱肩位移。从时间特征上分析，拱顶围岩位移在支护措施下收敛性较好，厂房第二层开挖施工完成后变形已基本收敛，后续下挖施工对其变形影响较小；拱肩位移整体收敛性较差，围岩变形受后续爆破施工影响较大，变形随时间呈台阶状变化。

（2）复杂高地应力条件下猴子岩水电站地下厂房洞群顶拱围岩以应力重分布起主导作用的应力主导型破坏为主，局部受不利结构面影响呈现出岩体性质主导型破坏以及应力-岩体性质复合型破坏，顶拱围岩主要破坏现象包括岩爆、片帮、喷层裂缝以及块体掉落等。

5.3　岩锚梁变形破坏特性研究

5.3.1　岩锚梁特点

岩壁吊车梁（简称岩锚梁），是 20 世纪 80 年代从挪威引进的高新技术成果，是桥式起重机运行时的先进的新型受力结构，它利用锚杆的抗拉拔力和地下厂房与岩锚梁之间的摩擦力，将岩锚梁锚固在地下厂房边墙岩体上，吊车荷载是通过注浆锚杆和钢筋混凝土与岩石接触面的摩擦力传到岩体上，形成岩锚梁和岩体共同受力的结构（涂志军和崔巍，2007；唐军峰等，2009）。岩锚梁充分利用围岩的自身承载能力，是地下厂房施工和运行的重要建筑物。近年来，在我国水电站地下厂房建设中获得了较广泛的应用。

岩壁吊车梁结构形式最大的优点在于：①不需要设吊车柱、减少主厂房开挖跨度，在三种支承结构形式中开挖跨度最小，有利于围岩稳定；②当地下厂房开挖至中上部时即可施作岩锚梁，提前安装吊车，有利于洞室施工。待厂房开挖结束，便可利用岩锚梁吊车进行浇筑混凝土及尾水管、蜗壳、球阀安装等作业，为施工创造有利条件，从而加快厂房施工进度；③受力情况好、结构构造简单、节省工程量、经济效益显著。

岩锚梁受力条件复杂，岩壁面设计成略微倾斜，形似牛腿，以便传递剪力。随着起吊重量的增大，对岩壁开挖要求就更高，而且受围岩工程地质条件影响较大。岩锚梁部位开挖是水电站地下厂房系统开挖质量要求最高、工艺要求最严格、施工难度最大的开挖关键部位，是岩锚梁成败的第一关键要素。岩锚梁施工中，应保证岩台开挖质量，减小岩台围岩损伤，同时，其他部分的爆破开挖又不能对岩锚梁造成不利的振动影响。具体而言，岩锚梁施工时存在的主要问题包括：①岩锚梁层中部开挖时，应采用合理的爆破开挖程序，尽量降低爆破对厂房边墙及岩台部分的振动影响。②岩锚梁岩台开挖质量要求高，参照溪洛渡、向家坝、龙滩等工程的施工经验，对岩台开挖的主要技术要求为爆破开挖的超挖小于 20cm，岩面无爆破裂隙；围岩松动范围为 II 类围岩小于 40cm，III、IV 类围岩小于 60cm；炮孔留痕率大于 80%，岩面起伏差小于 15cm；岩台斜面角度偏差小于 1.5°，岩锚梁范围内不允许欠挖；岩锚梁以下应严格控制超挖，宁欠勿超，局部欠挖应小于 10cm。③岩锚梁混凝土浇筑完成后，在其下方爆破时，其质点振动速度要控制在一定范围内。例如，天荒坪水电站工程规定在厂房下层开挖时，岩锚梁处岩壁质点的振动速度控制在 7cm/s 以内（混凝土龄期 28 天）；猴子岩工程规定在岩壁吊车梁混凝土强度达到 28 天龄期设计强度后方可进行下层围岩的开挖，且吊车梁处质点振动速度应小于 10cm/s。

5.3.2　岩锚梁施工工艺

国内瀑布沟、溪洛渡、向家坝、猴子岩等大型地下厂房在岩锚梁岩台开挖过程中均进行了相关的施工工艺探索。由于厂房岩锚梁岩台开挖成型率不高，易发生岩体滑移垮塌，需要先期缺陷处理的部位较多，修补工序繁杂，施工干扰较大，对岩锚梁缺陷进行修补大大降低了岩锚梁的施工进度。混凝土浇筑完成后需进行养护及凿毛，增加施工工序，再次降低岩锚梁的整体施工进度，进而影响到厂房总体施工进度。因此，岩锚梁施工难度较大，需要对施工工艺进行精确控制。

1. 施工步骤

国内岩锚梁部位的开挖工程一般采用预留保护层的开挖方式，保护层与中部槽挖加一排预裂爆破孔分开，其开挖程序如图 5.14 所示。中槽边线采用潜孔钻进行预裂，上、下游边墙下直墙外预留保护层厚度一般为 4~5m，中槽开挖采用深孔梯段爆破，下面以猴子岩地下厂房为例来说明岩锚梁层的一般开挖方法。

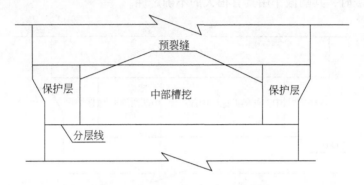

图 5.14 岩锚梁层开挖一般方法

猴子岩地下厂房岩锚梁层位于厂房分层开挖第三层，在施工设计中，中槽边线采用 ROCD7 履带式液压潜孔钻进行预裂，预裂深度 14.3m（至第四层底部），预裂孔孔径 76mm，孔距 0.8m，药径 32mm，线装药密度 350g/m，单孔药量 6.2kg，中槽梯段爆破采用 ROCD7 履带式液压潜孔钻垂直孔，孔径 76mm，孔距 2.1m，药径 50mm，单孔药量 12.10kg。为了降低中部拉槽梯段爆破对岩锚梁部分岩体的振动影响，在中槽边线设置了预裂缝，并且为了减轻下层开挖时对岩锚梁的爆破振动影响，预裂缝深度达到下一层底部，在考虑了预裂缝隔振作用的情况下，保证了中部梯段拉槽爆破的规模（最大单响药量 60.50kg），因此，这种开挖方法最基本的出发点便是预裂缝对爆破振动能起到良好的隔振作用。

2. 施工预裂及预留保护层

预裂缝最基本的两个作用是阻裂和隔振，它可以有效地控制爆破裂隙向保留岩体内侵入，并且能屏蔽主爆孔和缓冲孔的爆破扰动破坏，但其前提是预裂爆破在岩体中形成了完整贯通的、具有一定宽度的预裂缝。当预裂缝比较连续时，能起到较好的阻裂作用，但是考虑到岩锚梁层周边预留了一定宽度的保护层，所以阻裂并不是地下厂房开挖采用预裂缝考虑的主要因素。

从预裂缝的隔振作用来看，当预裂缝具有一定的宽度时，会起到完全的隔振作用，但是在爆炸应力波的作用下，预裂缝有一个逐渐闭合的过程，当预裂缝产生凹凸部分的齿合后，其隔振作用将会显著降低，因此要保证预裂缝具有良好的隔振效果，必须防止预裂缝在应力波作用下产生闭合，这就要求爆破时所形成的预裂缝必须具有足够的缝面宽度，但在地下厂房的开挖中，预裂爆破处于比较大的约束状态下，并且一般还存在岩体初始应力，这些因素都在一定程度上抑制了预裂缝的形成，在很多情况下并不能形成比较理想的预裂缝（图5.15）。另外，厂房一般埋深较大，地下水的存在会使预裂缝充水，充水后的预裂缝，其隔振效果将大打折扣，而在一些工程中，为了加快施工进度，有时会采用预裂爆破先导的方法，如上面的瀑布沟地下厂房开挖中，在第三层中槽预裂的同时，对下层也进行了施工预裂，在预裂缝放置较长时间后，一般会有岩屑等物质充填其中，充填物的存在也会使预裂缝的隔振作用降低。总之，预裂缝的隔振及屏蔽效果主要取决于所形成的实际裂缝宽度、缝内是否充水及预裂缝在爆炸应力波作用下的闭合程度，当在厂房开挖中使用深孔预裂爆破时，其隔振作用具有很大的不确定性。

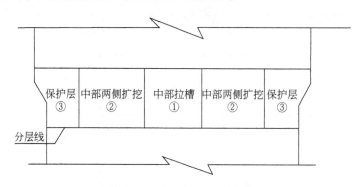

图5.15　地下厂房岩锚梁层开挖方法

从预裂爆破本身诱发的振动来考虑，预裂爆破采用不耦合装药，导致作用在炮孔孔壁的压力相对梯段爆破要小，所以其产生的初始振动值也相应要小得多，但同时预裂爆破处于较大的夹制约束状态，对于厂房边墙而言，预裂爆破引起的振动有时可能超过中部的深孔梯段爆破，这是因为：①预裂爆破距离厂房边墙较近，一般只有数米，而梯段爆破离边墙的距离相对要远一些，这使得中部梯段爆破引起的振动向边墙传播时有一定的衰减距离，而爆破振动恰好在近区时是衰减最快的，所以对于边墙而言，其受到的最大振动影响有可能是因为近距离的预裂爆破引起的，据龙滩地下厂房爆破振动监测资料反映，在开挖岩锚梁层下一层（三层）的过程中，岩锚梁及厂房边墙处的超标准振动（>7cm/s）有时候就是因为三层预裂爆破引起的；②如果中部拉槽梯段爆破采用微差起爆网络并对单响最大药量作了严格控制以后，中部梯段爆破引起的振动将可以大大减小，虽然预裂爆破也可以采用毫秒雷管分段起爆，但预裂缝形成的效果将比即发雷管起爆差得多，其减振作用也会下降。

因此，岩锚梁层开挖时，中槽边线的预裂爆破不管从预裂缝的减振作用还是爆破振动的角度来看，都是没有必要的，实际施工中可以取消，但这时就必须严格注意要减小中部梯段爆破引起的振动量，具体而言，要做到如下几点：①在岩锚梁层开挖前开展爆破试验工作，根据实测的爆破振动数据总结出适合实际工程的爆破质点振动速度衰减公式，并针对工程提出的安全振速指标，计算出相应的允许最大单响药量，作为爆破网络设计的基础；②对岩锚梁层中部开挖可以采用先开槽，两边扩挖的方法，并且拉槽和扩挖部分充分利用多段位毫秒雷管，将单响药量控制在根据质点振动衰减规律推算出允许最大单响药量范围内，必要条件下，可以考虑采用单孔单响；③选用合理的相邻段起爆时差，确保段间振动波不出现重叠情况，一般情况下，深孔梯段爆破毫秒雷管应跳段使用；④采用小抵抗线大孔距的布孔方式，并在允许爆后岩石块度的条件下，适当控制或减小炸药单耗。

5.3.3　工程实例——猴子岩地下厂房岩锚梁裂缝成因及处理

由于岩锚梁成型较早，且要承担较大的吊车荷载，在后续的洞室爆破开挖过程中，应力集中可能导致岩锚梁附近围岩发生大变形及开裂，进而导致附着在上面的岩锚梁开裂，且多为垂直于梁体长度方向的竖向裂缝，对结构安全造成巨大威胁，如果不引起足够重视，可能引起岩锚梁结构破坏。结合猴子岩水电站地下厂房岩锚梁开裂实例，从地质条件、施工过程、监测资料等方面分析了岩锚梁裂缝的成因并提出了相应的处理措施，对于岩锚梁裂缝问题的解决具有一定的参考借鉴意义。

1. 岩锚梁及其裂缝特点

猴子岩地下厂房岩锚梁全长393m（上下游各196.5m），宽度2.6m（含内侧水沟），截面尺寸2.6m×2.7m，岩壁倾角40°，梁体底面倾角45°。顶面高程1716.50m，宽度2.6m，距离厂房拱肩高程1723.20m为6.7m，下拐点高程1714.70m，底部高程1713.80m，距离厂房第三层底板高程1710m为3.8m。第三层开挖完成后进行第四层周边结构线的欲裂，同时进行岩锚梁的开挖，岩锚梁开挖完成后进行岩锚梁的锚杆施工及岩锚梁的混凝土浇筑（67天），按照8~12m进行分段，上下游同步浇筑。

岩锚梁地质情况复杂多变，主要有以下几种不利地质情况：①地下厂房为深埋洞段，为高地应力区，存在轻微–中等岩爆现象；②局部存在挤压带及软弱夹层；③岩台下拐点部位多处存在水平裂隙切割；④下游侧沿厂房洞轴线方向发育一条倾角约60°的裂隙；⑤发育密集、错综复杂的组合裂隙切割，岩石总体完整性差，其中规模较大、对岩锚梁开挖有一定不利影响的主要为层间挤压破碎带$g_{1\text{-}4\text{-}8}$，出露上、下游边墙约K0+40m处，带宽1m，主要由石英绢云母片岩组成；⑥洞室较集中，4个母线洞顶拱距岩锚梁仅9.15m，洞室间交叉处存在过大的应力集中。图5.16为高程1714.00m断面的地质剖面。岩锚梁区域裂隙密集且极为发育，爆破后岩面顺层滑动，导致岩锚梁下拐点遭到破坏，岩台成型效果难以保证。

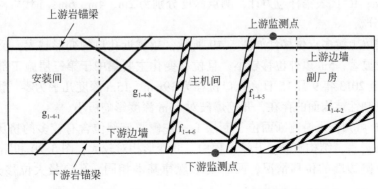

图5.16　猴子岩地下厂房高程1714.00m断面的地质剖面

2013 年 8 月，地下厂房开挖至第八层时（共 9 层），上下游岩锚梁混凝土上表面靠岩壁侧和附近岩壁喷混凝土面局部均发现裂缝。表面裂缝多出现于岩锚梁混凝土与岩壁接触部位，连续性较好，裂隙一般宽 1~2mm，最大宽度为 5.4mm，对岩锚梁施工运行安全构成一定的威胁（图 5.17）。

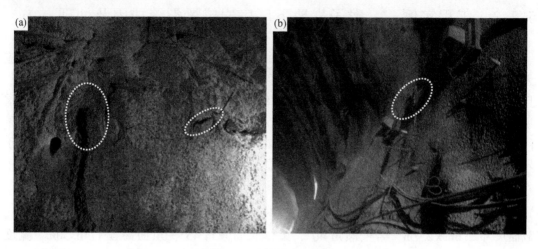

图 5.17   岩锚梁表面裂缝
(a) 竖向开裂；(b) 斜向开裂

2. 裂缝成因分析

1）施工影响

地下厂房采用分层开挖，原则上上层支护完成后才可进行下层开挖。然而，在实际操作中，由于要考虑施工进度和施工道路条件，需要进行搭接作业，可能互相干扰。岩锚梁是在洞室施工初期形成的，后续的洞室爆破开挖导致岩体卸荷松弛深度较大，普遍超过 8m，可能对岩锚梁附近围岩造成巨大干扰，进而影响附着于其上的岩锚梁的完整性。同时，岩体破碎而没有及时采取加固措施，或岩锚梁养护时间不够、配筋强度不足等施工因素都可能导致裂缝的产生。因此，为了了解岩锚梁应力变形情况，在洞室开挖初期，在岩锚梁的相应部位安设了位移、应力、裂缝监测设备，其中 2 个研究断面位于断层 $f_{1\text{-}4\text{-}5}$ 两侧，典型监测仪器布置断面如图 5.18 所示，M^4 代表四点式位移计，测点深度分别为孔口、2m、5m、15m；R^{3r} 代表锚杆应力计，测点深度分别为 2m、4m、6m；J 代表测缝计。

2）位移分析

厂房岩锚梁上游多点位移计如图 5.19 所示，越靠近孔口的变形越大，反之越小，2m 范围内位移较显著，5m 以外位移较小，且位移变化主要集中于第三层施工部位，从 2013 年 3 月 17 日至 2013 年 9 月 15 日，孔口位移为 19mm，15m 深度几乎为零，说明该部位围岩内部没有控制性结构面的存在，开挖爆破对 15m 深度影响极小。

由图 5.16 可知，下游侧断面位于断层 $f_{1\text{-}4\text{-}5}$ 左侧，该部位含有较多的挤压破碎带，其中较显著的是 $g_{1\text{-}4\text{-}8}$，结构破裂，开挖过程中，其变形相对较大，图 5.20 和图 5.21 为下游岩锚梁及其下侧边墙的位移情况，两者变形规律基本相同，孔口最大位移分别为 49mm 和 32mm。

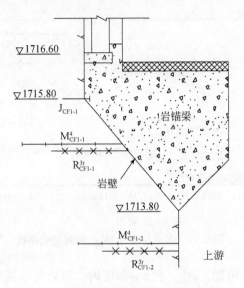

图 5.18　岩锚梁典型断面监测仪器布置图

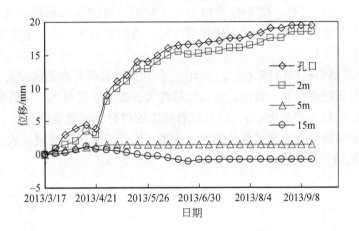

图 5.19　多点位移计 M_{CF1-1}^4 位移变化曲线

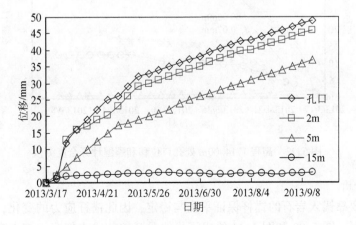

图 5.20　多点位移计 M_{CF2-1}^4 位移变化曲线

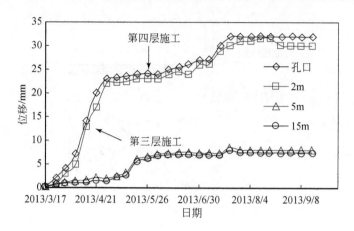

图 5.21 多点位移计 M_{CF2-2}^4 位移变化曲线

由图 5.20 和图 5.21 可知，M_{CF2-1}^4 在 5m 深度内，围岩变形较显著，15m 时变形可以忽略不计，说明下层爆破开挖施工对该部位影响较大。M_{CF2-2}^4 位移在 2m 深度内变形较显著，5m 以外也存在一定的变形，集中在第四层施工时期，可能该处深部存在某一薄弱部位。通过两个监测仪器表明，下游断面岩锚梁部位较下边墙变形大，说明其表层更为破碎，施工过程中需要加强支护。

图 5.22 为岩锚梁孔口位移（M_{CF1-1}、M_{CF2-1}）和裂缝计开合度测值（J_1、J_2）结果，孔口位移和裂缝开度的规律是一致的。孔口位移越大，裂缝开度越大。上游段的裂缝变化较小，只是在开始阶段达到 0.95mm，然后随着施工的进行，裂缝有所愈合，控制在 0.5mm 以内。下游侧的裂缝受破碎地质条件影响，在第三层开挖阶段裂缝增长较快，在 5 月 5 日达到 4mm，以后增长较缓慢。

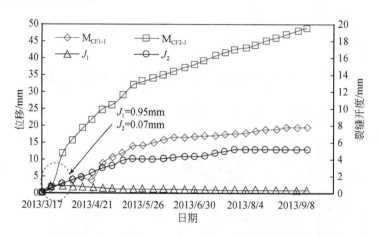

图 5.22 高程 1714.00m 处孔口位移和裂缝计开合度测值

3）应力分析

岩锚梁主要靠锚入岩石的锚杆保证平衡与稳定，因此锚杆应力的变化，很大程度决定了岩锚梁的变形，图 5.23 和图 5.24 给出了岩锚梁开挖前应力情况。应力变幅较大的主要是在 4m、6m 深度，2m 由于埋深较浅，变幅相对较小。应力变化主要位于第三层开挖过程，即岩锚梁所在部位，位移也集中于第三层施工期间；进入第四层施工时，应力变化较小，这与位移分析结果是一致的。

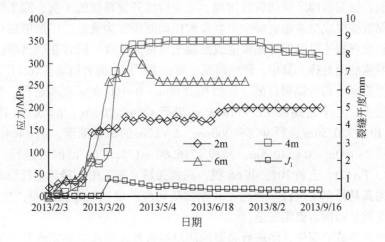

图 5.23　R_{CF1-1}^{3r} 应力及裂缝变化曲线

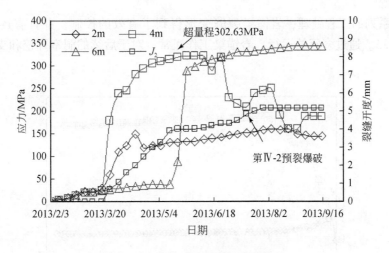

图 5.24　R_{CF2-1}^{3r} 应力及裂缝变化曲线

下游侧应力变化和上游变化有一定的相似性，但 4m 深应力在 5 月 4 日及以后应力波动较大，这主要是应力计达到了极限抗拉强度，达到 302.63MPa。裂缝也在第三层开挖时达到最大，其后有所愈合。

根据位移与应力监测结果表明，两者是一致的，且其变化主要集中在距离岩锚梁较近的第三层施工，第四层施工影响相对较小。由于下游侧岩体较破碎且下游洞群较多，受到其他洞室爆破开挖的干扰较大，其开裂情况较严重，在施工期间必须强化支护工作。

3. 裂缝处理措施及效果分析

岩锚梁位于高地应力区，局部存在挤压带及软弱夹层，岩石总体完整性差。破碎的岩体及后续爆破开挖是岩锚梁裂缝形成的根本原因。为提高岩锚梁区域围岩整体完整性及后续洞室爆破开挖的干扰，确保岩锚梁的安全稳定，必须对已有的裂缝进行处理，同时还要采取有效措施预防新的裂缝出现。

为了限制岩锚梁破碎区新的裂缝出现，避免后续开挖爆破的干扰，施工中，厂房第三层开挖以确保岩锚梁成型质量，减少围岩爆破松动圈深度为重点；厂房第四层、第五层开挖以控制爆破质点振速以确保岩锚梁浇筑混凝土质量为重点，同时在适当部位采用预应力锚杆和固结灌浆加固处理，其中，固结灌浆主要在主厂房上游岩锚梁区域、厂横 0+0.00m ~ 0+140.50m 范围和下游岩锚梁区域、厂横 0+0.00m ~ 0+100.00m 范围进行，采用自外而内分段灌浆法施工，上下游高程 EL.1718.50m 进行 $\Phi 56@200cm$、$L = 3.0m$ 浅孔灌浆，共 366m，高程 EL.1720.50m 进行 $\Phi 76@200cm$、$L = 12m$ 的深孔灌浆，共 1464m；预应力锚杆主要在厂横 0+100m ~ 0+140.5m，高程 1716.60 ~ 1721.77m 范围内进行，预应力锚杆 $\Phi 32$，$L = 9m$，$T = 12t$，上斜 10°，共 65 根，在加强锚杆施工中，避免干扰原有支护，禁止对其破坏，尤其是吊车梁拉杆。当然，开挖爆破均应严格控制爆破规模，控制单响药量，确保洞室开挖质量和围岩稳定安全。

对于已出现裂缝的部位，除进行必要的固结灌浆外，应该尽早完成其下部洞室的喷锚支护，提前进行交叉部位的混凝土衬砌支护，并在进行有效支护处理后才能进行下一层洞室的爆破开挖。

通过一系列的工程处理，岩锚梁裂缝变形得到了有效的控制，并且有逐渐愈合的趋势，见图 5.25。通过多年的运行，岩锚梁工作正常，对于后续的洞室开挖和支护发挥了积极作用。

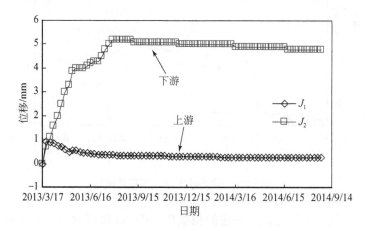

图 5.25　施工期裂缝变化曲线

5.3.4　小结

岩锚梁是利用锚杆将钢筋混凝土锚固在岩壁上，使其能够承受自重和吊机的重量，其形成于洞室开挖的早期，加快了施工进度、降低了施工成本，在大型地下厂房建设中得到了广泛的应用。然而，岩锚梁浇筑后，继续开挖厂房将引起应力释放，使部分岩壁发生变形，在岩锚梁上以裂缝形式表现，对岩锚梁结构产生了一定影响。本节首先介绍了岩锚梁特点及其施工工艺，然后以猴子岩地下厂房岩锚梁为工程实例，从地质条件、施工过程、监测资料等方面分析了裂缝的成因及处理措施，主要得到以下结论：

（1）岩锚梁裂缝主要发生在地下厂房第三层（岩锚梁所在分层）爆破开挖期间（其中，爆破影响区域一般在 5m 以内，在 2m 内影响最显著），洞室开挖导致较大的应力出现在岩锚梁附近围岩中（岩锚梁部位洞室断面突变，易应力集中），随着洞室的开挖，岩体卸荷松弛明显并产生较大的变形，从而造成岩锚梁混凝土出现开裂。

（2）通过对 f_{1-4-5} 断层两侧的地质条件分析，断层右侧岩体完整性较好，岩锚梁裂缝最大仅 0.95mm；而左侧存在大量的挤压破碎带，岩锚梁裂缝最大达 5.2mm，岩锚梁裂缝宽度及数量受地质条件影响明显。

（3）针对地下厂房岩锚梁施工过程出现的裂缝，采用预应力锚杆和固结灌浆对其进行加固处理，后续的监测数据及使用效果表明，经加固处理后的岩锚梁运行安全稳定。

5.4　岩柱变形破坏特性研究

水电站地下厂房均为大跨度、高边墙的复杂地下洞群结构，施工过程中相邻洞室开挖形成岩柱体，岩柱在洞群施工时围岩双向卸荷使得应力重分布与集中程度更高，导致围岩开挖损伤区范围较大，当地质条件较差时岩柱存在开挖损伤区贯通的风险，严重威胁洞室结构安全。另外洞室开挖后岩柱体将承受由上下游侧拱座传递下来的荷载，由于双面临空洞室岩柱受力类似于单轴压缩情况，在这种条件下岩柱四周岩体因开挖卸荷容易产生拉裂缝，影响洞室结构整体稳定性。

本节以高地应力复杂地质条件下猴子岩地下洞群为工程实例，结合监测分析资料首先对地下洞群主厂房与主变室之间岩柱围岩变形时空分布特征进行了分析，并基于围岩变形规律提出针对性的支护措施，最后基于监测数据对支护效果进行了反馈分析，研究结果对大型地下洞群岩柱围岩支护方案的设计具有指导意义。

5.4.1　工程概况

猴子岩地下厂房洞群位于大渡河右岸，主要包括主厂房、主变室、尾调室及其附属洞室，水平埋深 280~510m，垂直埋深 400~660m。主厂房洞轴线方向 N61°W，厂房共安装 4 台机组，总装机容量 170 万 kW。三大洞室平行布置，主厂房尺寸为 219.5m×29.2m×68.7m（长×宽×高），主变室位于主厂房下游，开挖尺寸为 141.0m×18.80m×25.2m（长×宽×高），尾调室位于主变室下游，开挖尺寸为 140.5m×23.5m×75m（长×宽×高）。地下洞群的开挖造成洞室之间形成岩柱，主厂房与主变室之间岩柱厚度约为 45.0m，由于母线洞扩散段的影响，母线洞上方岩柱厚度进一步减小，仅为 32.4m，图 5.26 为猴子岩地下厂房洞群主厂房与主变室岩柱示意图。

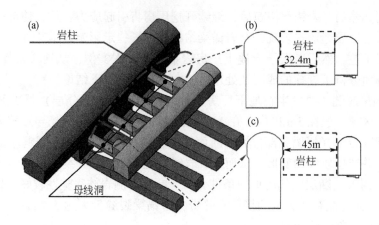

图 5.26　猴子岩地下厂房洞群主厂房与主变室岩柱示意图

地下厂房岩体主要为下泥盆统白云质灰岩、变质灰岩，岩体以微风化–新鲜的中厚层–厚层–巨厚层状结构为主，岩层产状总体为 N50°~70°E/NW∠25°~50°，走向与厂房轴线大角度相交，倾向山内。厂房区域无大型区域断裂通过，主要发育一些次级小断层、挤压破碎带以及节理裂隙，围岩完整性相对较好，围岩以 $Ⅲ_1$、$Ⅲ_2$ 类为主，局部地区为 Ⅳ 类，岩石饱和单轴抗压强度为 65~100MPa。

地下厂房区域应力以构造应力为主，实测厂房区域最大主应力 σ_1 = 21.53~36.43MPa，平均约为 28.33MPa，方向 N40.7°~74.7°W，与厂房轴线夹角为 13.7°~20.3°；第二主应力 σ_2 = 12.06~29.80MPa，平均为 21.15MPa，方向 NW7.1°~SE32.4°；第三主应力 σ_3 = 6.20~22.32MPa，结合地下厂房区域地应力实测结果和岩体强度分析，猴子岩地下厂房岩石强度应力为 2~4，属于高地应力区。

5.4.2　地下厂房岩柱变形特征分析

水电站地下厂房洞群的开挖使得洞室之间形成岩柱，在厂房持续下挖过程中，岩柱向两侧卸荷，在高地应力环境下，开挖卸荷导致岩柱应力集中，在不利地质结构面作用下，岩柱可能会发生围岩大变形及松弛裂缝等现象，降低了围岩的完整性及自承能力，给厂房后续施工安全带来严重威胁。基于现场围岩变形监测数据，本节分析了岩柱围岩变形时空分布特征，给支护措施的设计提供借鉴。

1. 围岩变形量级分析

基于岩柱上下游侧多点位移计监测数据，通过统计分析得到岩柱围岩量级分布如图 5.27 所示，围岩变形截止时间为 2013 年 6 月，此时主厂房开挖到第四层。由图可知，岩柱位移为 10~30mm 的测点所占比例最大，为 33.30%；位移为 30~50mm 以及小于10mm 的测点均占 20.85%；位移大于 50mm 的测点占 25.00%。岩柱最大位移为107.57mm，位于主变室上游边墙 3# 机组（桩号 K0+083.80m）中心线高程 1721.20m 处。目前厂房只开挖到第四层，随着厂房下挖围岩卸荷及爆破施工的影响，岩柱位移还将进一步增大，与国内其他类似规模地下厂房（如锦屏Ⅰ级地下厂房、小湾地下厂房及溪洛渡地下厂房）同期开挖相比，猴子岩地下厂房岩柱的整体位移值偏大。

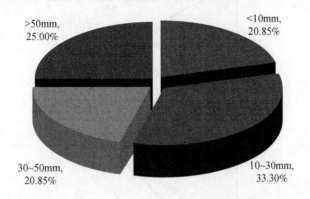

图 5.27　猴子岩地下厂房洞群岩柱变形量级分布图

2. 围岩变形空间分布特征分析

结合主厂房下游侧多点位移计监测数据，分析主厂房岩柱变形在水平、竖向以及沿深度方向的分布特征。图 5.28 为高程 1714.60m 处孔口位移沿厂房轴线方向的变化，图中的断面均沿机组中心线。由图分析可知，断面 1（1#机组中心线）和断面 2 处的位移较大，均已超过 60mm，远大于断面 3 和断面 4 的位移。结合地质资料可知，断面 1 到断面 3 范围内存在多条次级断层，围岩被断层切割形成断层破碎带，洞室开挖后受应力重分布及爆破振动影响，容易产生大变形。

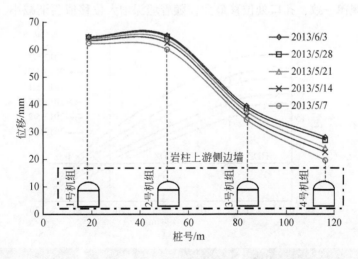

图 5.28　地下厂房岩柱沿水平方向围岩位移分布特征

图 5.29 为 2#机组中心线断面孔口位移沿竖直方向的变化。由图可知，岩柱竖向位移呈弓形分布，从上到下位移先增大后减小，在高程 1714.60m 处达到最大。通过对监测资料的分析，其余监测断面竖向位移变化均符合这一规律，这主要是因为高程 1714.60m 附近存在岩锚梁，由于岩锚梁结构复杂，洞室开挖后容易造成应力集中，导致在施工作用下

围岩变形较大。

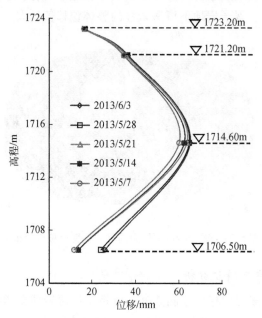

图 5.29　地下厂房岩柱沿竖直方向围岩位移分布特征

地下厂房开挖形成新的临空面，在卸荷扰动作用下围岩一定深度范围内将产生不同程度的开挖损伤。基于多点位移计 M_{CF5-8}^4（$4^\#$机组监测断面，高程 1714.60m）监测数据，分析岩柱围岩位移随深度的变化规律，结果如图 5.30 所示。由图可知，不同时间点围岩变形随深度变化规律一致，孔口处位移最大，随着埋深增大位移值逐渐减小，并最终趋向于

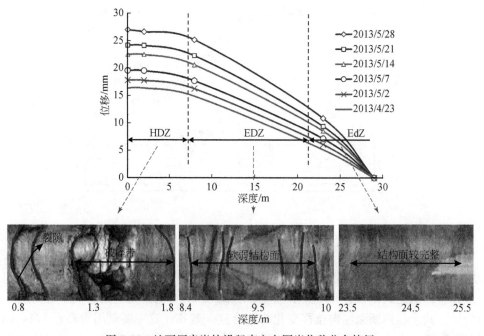

图 5.30　地下厂房岩柱沿竖直方向围岩位移分布特征

0。总体上孔口至 8m 深处范围内围岩位移较大，表明开挖卸荷对该区域影响较大，距离开挖面深度为 5～23m 时，围岩位移随着深度的增加而减小，而在更深范围内（23～30m 深）围岩变形已不明显。

通过该多点位移计附近围岩钻孔摄像图可知，距孔口 0.8～1.8m 处的围岩在开挖卸荷过程中损伤强烈，形成明显裂隙及破碎带；距孔口 8.4～10m 范围内围岩受开挖卸荷影响相对较小，围岩形成多处软弱结构面；距孔口 23.5～25.5m 范围内围岩结构面较完整，基本无明显裂隙产生。专家学者基于扰动程度通常将围岩分为 HDZ、EDZ 和 EdZ 三个区域（戴峰等，2015）。结合沿钻孔深度围岩变形曲线可知，围岩变形主要集中在 HDZ 和 EDZ，EdZ 围岩变形较小。另外随着洞室的后续开挖，围压变形逐渐增大，尤其是开挖损伤区，变形逐渐增大使得深层岩体可能会发生大规模破坏和失稳，浅层支护无法保证开挖损伤区围岩稳定，因此，加强深层支护措施来阻止围岩进一步破坏十分必要。

3. 围岩变形时间分布特征分析

在地下厂房施工过程中，围岩变形与开挖步骤密切相关，并体现出明显的时效性特征。地下厂房围岩时间分布特征主要可分为两种情况，一是随着支护措施的加强和时间的推移，围岩变形速率逐渐降低并最终收敛，时效性特征消失；二是围岩变形量随时间不断增大，呈现不收敛的趋势，原有支护措施无法满足围岩稳定要求。基于猴子岩地下厂房岩柱围岩变形监测数据，经分析发现两种时间分布特征在岩柱围岩中均有所体现。

图 5.31 为岩柱围岩不同深度测点位移的变化规律，图 5.31（a）为主厂房 1# 机组中心线断面下游拱座处多点位移计 M_{CF2-6}^{4} 的演化过程，由图可知，厂房第二层开挖时，围岩位移显著增大且呈阶梯形增长，随着支护措施的施加围岩变形速率逐渐减小，主厂房第三层和第四层开挖时围岩变形已基本收敛，受后续施工影响较小。图 5.31（b）为主厂房 3# 机组中心线断面下游拱座处多点位移计 M_{CF4-7}^{4} 测点位移随时间变化规律，由图可知，除 20.5m 深处测点以外，其余测点的位移变化规律基本一致。在整个开挖过程中，位移呈阶梯形增长，表现出明显的时效性，当主厂房开挖至第四层时，围岩变形仍以一定速率增长，呈现不收敛的趋势。截至 2013 年 5 月 28 日，孔口峰值位移已达到 43.6mm，说明已有支护措施无法保证围岩稳定，随着厂房后续开挖，围岩变形将会进一步增加，严重威胁到厂房后续施工和运行的安全。因此，针对围压变形较大且位移不收敛部位加强支护措施是保证厂房岩柱围岩稳定安全的重要举措。

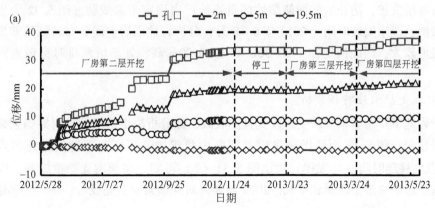

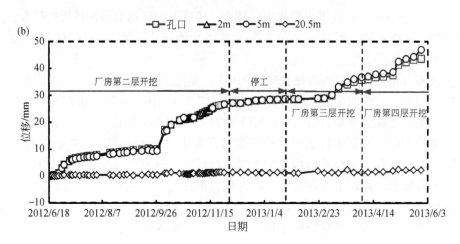

图 5.31　地下厂房岩柱围岩变形时间分布特征

(a) 围岩变形随时间逐渐收敛；(b) 围岩变形随时间持续增大

5.4.3　地下厂房岩柱支护响应特征分析

猴子岩地下厂房岩柱围岩变形特征表明岩柱受高地应力及不利结构面影响导致围岩变形较大，根据沿钻孔深度的围岩变形规律，岩柱围岩松动圈深度已超过 10m，常规锚杆支护措施已无法满足支护要求。此外，围岩变形的时间特征表明，一些测点的变形速率较大且呈不收敛趋势，随着厂房后续施工，岩柱围岩稳定受到一定程度的威胁。本节首先给出了岩柱围岩支护方案，然后对比分析了支护前后岩柱围岩变形特征，确保新增支护措施下围岩稳定。

1. 岩柱支护方案

猴子岩地下厂房地质资料表明主厂房与主变室之间岩柱受多组陡倾结构面切割，形成不稳定块体，在高地应力条件下，洞室开挖导致岩柱双向卸荷使得岩柱围岩变形较大且松弛范围深。主厂房开挖到第四层时岩柱最大位移已达 107.57mm 且不收敛，围岩松弛深度较深，浅层支护措施不能满足围岩稳定要求。基于岩柱围岩变形破坏特征，决定采取对穿锚索进行深层支护，防止岩柱两侧塑性区贯通给厂房稳定带来威胁。图 5.32 为岩柱对穿锚索布置图，锚索安装时间为 2013 年 6 ~ 8 月，分析岩柱围岩空间分布特征可知岩锚梁附近围岩变形较大，因此决定在 1720.30m 和 1710.00m 高程处新增两排对穿锚索以保证岩柱稳定。

2. 岩柱支护响应特征分析

猴子岩地下厂房岩柱围岩变形较大且不收敛，经分析决定新增两排对穿锚索来进一步控制围岩稳定。图 5.33 为新增锚索后主厂房 3# 机组中心线断面下游拱座处多点位移计 M_{CF4-7}^4 测点位移随时间变化规律，对比图 5.31 (b) 可知，在新增支护措施前，围岩受厂房爆破施工影响变形呈阶梯状增长。2013 年 8 月对穿锚索安装完成后，围岩变形速率明显

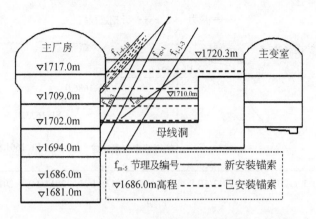

图 5.32　岩柱对穿锚索布置图

降低且呈收敛趋势，后续厂房下挖对岩柱围岩稳定基本无影响，围岩位移没有明显增加。通过对岩柱其他高层测点位移统计发现，新增对穿锚索后岩柱整体变形得到了有效控制，大多数测点变形逐渐收敛，局部受不利结构面控制变形仍以小幅度增长，但在可控范围内。

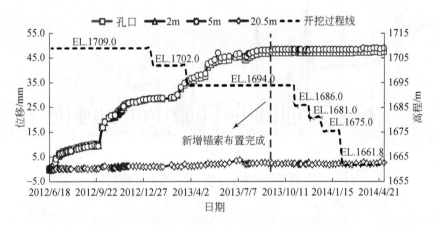

图 5.33　新增对穿锚索后岩柱围岩变形随时间变化规律（测点 M_{CF4-7}^4）

　　地下厂房围岩变形会引起锚索的张拉变形，从而增加锚索应力，因此分析锚索测力计变化曲线可以从侧面反映出围岩收敛程度。图 5.34 为岩柱上游侧测点（高程 1717.80m，桩号 K0+18.80m）锚索应力曲线，由图可知，当主厂房开挖至第三层（高程 1702.0m）时，锚索应力急剧增大，且受后续爆破施工影响，锚索应力以较大速率增长。2013 年 8 月新增对穿锚索安装完成后，锚索应力增长幅度明显减小，在厂房后续下挖过程中应力变化呈收敛趋势，开挖完成后应力峰值为 1807.28kN，在锚索测力计允许荷载范围内。

　　围岩变形速率是反映围岩稳定的重要指标，通常以历史峰值速率和施工期平均速率来表示。图 5.35 为岩柱新增锚索前后围岩变形速率统计图，由图可知，新增锚索前，岩柱围岩峰值速率达到 2.72mm/d，平均速率为 0.364mm/d；而新增对穿锚索后，岩柱围岩变形速率明显降低，且变形速率主要集中在 0.005～0.1mm/d 范围内，历史峰值速率为

图 5.34　新增对穿锚索后岩柱锚索应力随时间变化曲线

0.34mm/d，平均速率降为 0.063mm/d，相对于支护前，锚索发挥重要作用使得围岩变形得到有效控制。

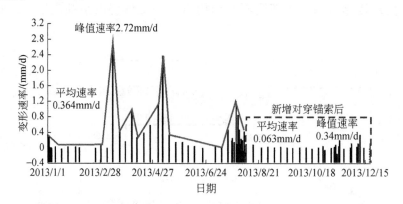

图 5.35　新增对穿锚索后岩柱围岩变形速率统计图

5.4.4　小结

针对地下洞群岩柱变形破坏问题，以猴子岩地下洞群为工程实例，结合监测分析资料对地下洞群主厂房与主变室之间岩柱围岩变形时空分布特征进行了研究，并基于围岩变形规律提出针对性的支护措施，最后基于监测数据对支护效果进行了反馈分析，主要结论如下：

（1）猴子岩地下洞群主厂房开挖到第四层时岩柱围岩最大变形已达 107.57mm，位于主变室上游侧边墙 1721.20m 高程处；

（2）岩柱围岩变形在竖向上呈弓形分布，从上到下围岩变形先增大后减小，在岩锚梁附近高程处达到最大；

（3）随着洞室的下挖岩柱围岩变形逐渐由临空面向深部发展，围岩损伤区深度一般为 5~15m，开挖扰动最大影响范围超过 23m；

（4）猴子岩地下洞群岩柱围岩时间分布特征与开挖卸荷密切相关，变形体现出明显的时效性特征，当厂房开挖到第四层时，岩柱围岩变形未收敛；

（5）对比研究新增支护措施前后围岩变形规律发现，新增对穿锚索能够有效控制岩柱围岩的变形，变形速率逐渐减小并最终收敛，表明新增穿越锚索对围岩深部岩体控制发挥重要作用。

5.5　洞群交叉部位多面临空围岩时空响应机制研究

水电站地下厂房洞群规模宏大，结构复杂，包含主厂房、主变室、尾水闸门室、引水洞、尾水洞、母线洞、出线洞、交通洞、施工支洞等诸多洞室，各洞室间平面相贯、立体交叉，从而形成以三大主要洞室为中心相互连接的地下洞群。在这些洞室交叉连接部位，围岩一般拥有多个临空面，可称为多面临空围岩。多面临空围岩广泛存在于洞室交叉连接处，如主厂房与母线洞、与引水隧洞的交叉部位，主变室与母线洞的交叉、尾水管与施工支洞的交叉、交通洞交叉和施工支洞的交叉部位等。

由于拥有多个临空面，这种围岩相比其他部位单一临空面的围岩表现得更为特殊，不仅仅是结构上的，更重要的是在开挖过程中表现出的不同于单临空面围岩的动态时空响应特性。这种响应特性使其在开挖过程中往往成为相对薄弱之处，面临更大变形破坏的可能。因此，洞群交叉部位多面临空围岩的稳定性问题显得尤为突出，而且研究这一关键部位对于整个洞群围岩变形破坏控制也具有纲举目张的重要意义。本节以白鹤滩水电站左岸主厂房与母线洞交叉部位典型多面临空围岩作为研究对象，揭示多面临空围岩的开挖动态时空响应特性，并对响应机制进行探讨。

5.5.1　工程概况

白鹤滩水电站位于中国西南四川省凉山彝族自治州宁南县与云南省昭通市巧家县的交界处，左岸地下厂房洞群布置在拱坝上游山体内，由压力管道、主副厂房、母线洞、主变室、检修闸门室、尾调室和尾水隧洞等组成。其中，主要洞室（顺序依次为主厂房、主变室、检修闸门室和尾调室）平行布置。主厂房开挖尺寸为 438.00m×34.00m×88.7m（长×宽×高），主变洞开挖尺寸为 368.00m×21.00m×39.5m（长×宽×高），检修闸门室长 374.5m，跨度 12.1～15m，直墙高 30.5～31.5m，尾调室开挖直径 44.5～48m，开挖高度 57.92～93m。主厂房与主变室之间岩壁厚度为 57.95m，主变室与检修闸门室之间为 40.95m，检修闸门室与尾调室之间为 45.5m。地下洞群规模巨大，结构复杂，边墙高、跨度大，且各洞室相互贯通，开挖及变形相互联系、相互干扰。

白鹤滩左岸地下厂房区为单斜岩层，岩层总体产状为 N42°～45°E，SE∠15°～20°，岩层走向与厂房轴线小角度相交（图 5.36，图 5.37）。围岩主要由 $P_2\beta_2^3$ 和 $P_2\beta_3^1$ 层新鲜的隐晶质玄武岩、斜斑玄武岩、杏仁状玄武岩、角砾熔岩等组成，岩质坚硬。其中，$P_2\beta_3^3$ 层第七岩性层为第二类柱状节理玄武岩，厚度为 20～25m，出露于 $6^{\#}$～$8^{\#}$ 机组边墙底部及底板部位。$P_2\beta_2^3$ 顶部的 $P_2\beta_2^4$ 层为厚 20～80cm 的凝灰岩，岩质软弱，遇水易软化，该层出露于厂房边墙中下部。主变洞部位岩性基本与厂房部位相同，以完整-较完整的坚硬玄武岩为主。左岸主副厂房围岩以III_1类为主，占62%，II类围岩占25%，IV类围岩占10%，其余为III_2类围岩。主变洞III_1类围岩占45%、II类围岩占48%，少量IV类围岩和III_2类围岩分布于层间错动带C_2及角砾熔岩区。断层发育16条，主要为硬性结构面和岩块岩屑型，走向总体上在N40°~70°W、具有75°以上的倾角、性质以平移为主。其中f_{717}、f_{721}、f_{723}及f_{726}等规模较大，宽度5~15cm，延伸长度300~500m，其余断层规模较小。层间错动带C_2斜穿厂房边墙中下部，沿$P_2\beta_2^4$层凝灰岩中部发育，产状为N42°~45°E，SE∠14°~17°，错动带厚度为10~30cm，泥夹岩屑型，遇水易软化。层内错动带共揭露7条，以岩块岩屑型和硬性结构面为主，规模较小，长度一般为200~300m，发育间距一般为10~30m，局部较密，主要发育于厂房的顶拱部位。长大裂隙共揭露25条，主要为硬性结构面，走

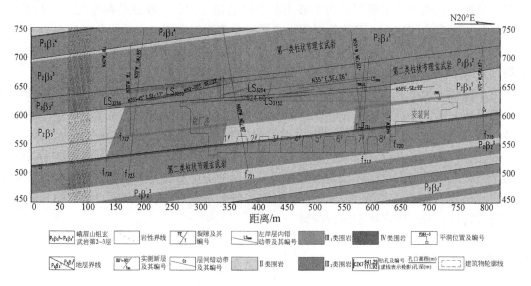

图5.36　左岸主副厂房上游边墙地质剖面图

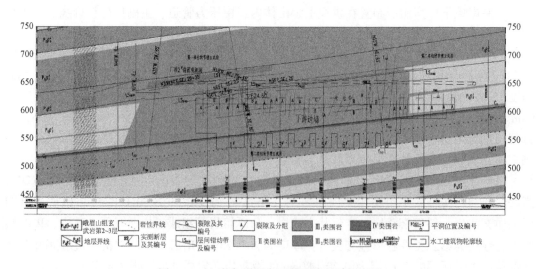

图5.37　左岸主副厂房下游边墙地质剖面图

向总体上在 N40°~60°W，倾角 65°~85°。主要发育于 $P_2\beta_3{}^1$ 和 $P_2\beta_3{}^2$ 层，裂隙长度一般为 50~100m，发育间距一般为10~30m，局部较密集，间距小于5m。随机裂隙主要发育 3 组：①N30°~70°W/SW ∠65°~90°；②N20°~50°E/SE ∠10°~35°；③N50°~70°E/SE ∠50°~60°。第①组裂隙占绝对优势。

左岸地下厂房区以构造应力为主，水平应力大于垂直应力。第一和第二主应力基本水平，第三主应力大致垂直。第一主应力方向一般在 N30°~50°W，与主厂房轴线方位交角 50°~70°，倾角 5°~13°，量值 19~23MPa；第二主应力量值为 13~16MPa；第三主应力近垂直，量值相当于上覆岩体自重应力，一般在 8.2~12.2MPa（Dai et al.，2016）。地应力较高、地质条件复杂，加上边墙高、跨度大，使得白鹤滩地下厂房洞群在开挖过程中可能会产生整体变形及剪切变形，洞室稳定性问题极为突出。

5.5.2　多面临空围岩开挖时空响应特性

如图 5.38 所示，主厂房下游侧边墙与主变室通过母线洞相连，主厂房与母线洞交叉部位的围岩为多面临空围岩，而上游侧边墙围岩（与引水隧洞交叉处以上高程）单面临空。根据多点变位计的监测数据可知，白鹤滩主厂房上下游两侧边墙的累计位移量大小有所差异。统计分析边墙及岩锚梁上下游两侧的平均日位移量（即累计位移量除以监测时长，表征围岩的平均变形速率），如图 5.39 所示。

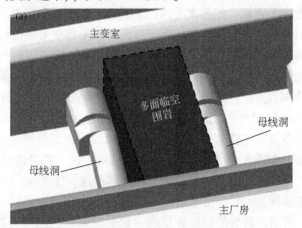

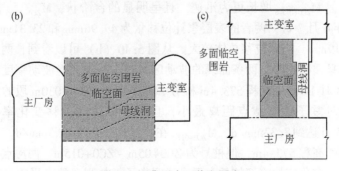

图 5.38　典型多面临空围岩

（a）三维空间示意图；（b）侧视图；（c）俯视图

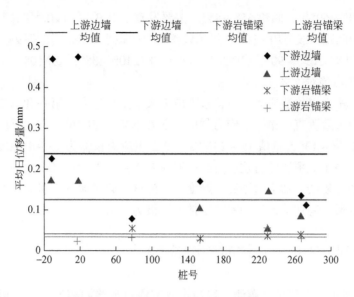

图 5.39　边墙及岩锚梁平均日位移量统计

由图 5.39 可知，下游边墙的平均变形速率明显大于上游边墙，其均值分别为 0.238mm/d 和 0.125mm/d，几乎大了一倍。下游岩锚梁的变形速率为 0.041mm/d，上游岩锚梁的平均变形速率为 0.034mm/d，也是下游侧大于上游侧，但差距较边墙更小，且平均变形速率的量值也小于边墙。如前文所述，下游边墙围岩多面临空，上游边墙围岩单面临空，图中信息表明前者的变形速率明显大于后者。而距离交叉部位较远的岩锚梁部位围岩，其变形速率的整体量级也要明显更小。可见，存在多面临空围岩的下游边墙，其开挖响应特性与厂房其他部位出现显著差异，平均变形速率更大，即更容易变形。

选取多点变位计 $M_{ZC0+017-5}$、$M_{ZC0+017-6}$ 的位移监测结果进行对比分析。两者均位于桩号 ZC0+017.30m（1# 机组与 2# 机组之间）、高程 582.4m 处，高度与母线洞大致齐平。但前者位于上游边墙，为单面临空围岩，而后者介于 1# 母线洞和 2# 母线洞之间，其所在岩柱有前后左右四个临空面，与图 5.38 中多面临空围岩结构相同。两者的对比可展现多面临空围岩的大变形特征。图 5.40（a）为两者的累计位移曲线，图 5.40（b）为位移曲线的变化率，表征围岩变形速率。

如图 5.40（a）所示，两者的位移量呈现一定的时效性，随着开挖的进行不断增长，最终趋于稳定。但 $M_{ZC0+017-6}$ 增长更为迅速，且呈明显的台阶状，$M_{ZC0+017-5}$ 相对增长比较缓慢。截至 2017 年 6 月 7 日，两者的表层累计位移量为 49.96mm 和 23.31mm，1.5m 测点为 49.93mm 和 23.19mm，前者位移总体较大。从图 5.40（b）可以看到，两条曲线均呈周期波动状，且总体呈递减趋势。两条曲线的波动区间基本一致，但波动幅度明显不同。2017 年 2 月 26 日至 3 月 14 日为高程 573.4m 桩号 ZC0+015m ~ ZC0+030m 段的开挖，两测点均位于该段，故此时掌子面与测点距离最小，且两者整体的位移变化率均为全程最大。$M_{ZC0+017-6}$ 在 3 月 5 日达到 3.33mm/d，$M_{ZC0+017-5}$ 在 3 月 14 日达到 0.5mm/d。3 月 14 日至 3 月底的开挖段为同一高程 573.4m，但桩号为 ZC0+05m ~ ZC0+015m，两测点均不在该段，此时两曲线均下滑，变化率均降至较低水平，说明掌子面与测点的水平距离越小，测点的变

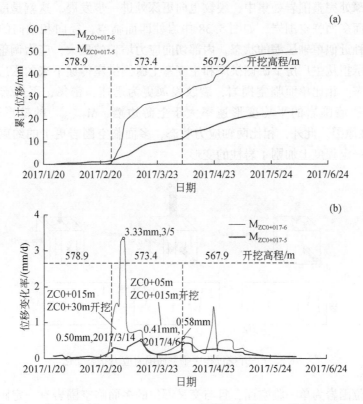

图 5.40　多点变位计 $M_{ZC0+017-5}$、$M_{ZC0+017-6}$ 的累计位移（a）及其变化率（b）

形速率越大。而后 4 月 5~11 日迎来第二个波峰，此时开挖段为高程 567.9m 桩号 ZC0+08m~ZC0+33m，此波峰相比前一个幅度已有所减小，说明掌子面与测点的竖直距离增大，测点围岩的变形速率有所降低。可见，掌子面的空间位置（主要表现为与测点的水平距离和竖直距离）对测点围岩变形有较大影响，掌子面与测点的距离和变形速率呈负相关关系。

　　不难发现，两条曲线第二个波峰相比前一个波峰的衰减程度完全不同，$M_{ZC0+017-6}$ 的峰值从 3.33mm/d 降至 0.58mm/d，降了 82.6%，$M_{ZC0+017-6}$ 的峰值从 0.5mm/d 降至 0.41mm/d，降了 18.0%。可见，相比单面临空围岩，多面临空围岩不仅变形速率更大，而且对于掌子面的位置变化更为敏感，掌子面远离多面临空围岩，其变形速率就会急剧减小。

5.5.3　响应机制探讨

　　在初始状态时，围岩处于三向应力状态，分别是平行于开挖面的切向应力、垂直于开挖面的径向应力和轴向应力，如图 5.41 所示。开挖过程中，径向应力释放甚至降至 0，法向压力增加，此时围岩处于一种不稳定的两轴应力状态，该应力状态会使浅表层范围内的硬脆性围岩由于压致拉裂而产生近似平行于开挖面的张性破裂裂隙。随着开挖卸荷和应力的不断调整，切向应力增加、法向应力卸载，裂纹进一步发展、聚集。表层围岩变为塑性，应力则向深处完整围岩处集中，裂纹也向更深处进一步发展。这就是围岩发生大变形的主要原因。而多面临空围岩，如图 5.38 中岩柱四面临空，径向和轴向的两向卸荷使整个岩柱处于一种近似单轴压缩的状态，内部切向应力增长的更大，应力调整更为剧烈。而且该岩柱还要承担从主厂房下游侧拱座和主变室上游侧拱座传递下来的压应力，加剧了其不利的应力状态。相比单面临空围岩，裂纹发展更为迅速、密集，因此宏观变形也就更大，这是下游边墙围岩的平均变形速率大于上游边墙、$M_{ZC0+017-6}$ 的变形速率也要大于 $M_{ZC0+017-5}$ 的内在原因。此外，相比两轴应力状态，多面临空围岩更少的约束也会对岩柱的稳定性不利，一定程度上加剧了岩柱的变形。

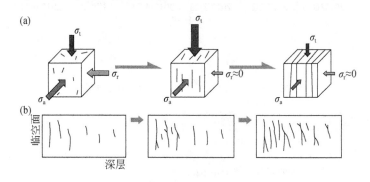

图 5.41　开挖过程中临空面围岩应力状态变化

　　岩锚梁部位围岩为单一临空面，且与交叉部位的多面临空围岩有一定距离，因而开挖卸荷较多面临空围岩缓和，围岩变形速率整体小于下游边墙。但由于与下游边墙同侧，考虑到变形协调，故变形速率还是较上游岩锚梁处更大，但两侧差距不及边墙显著。

　　随着掌子面远离，开挖导致的围岩内部一系列动态响应有所减缓，因此对于多面临空围岩和单面临空围岩，其变形速率均呈降低趋势。只是两者的降低程度不同，多面临空围岩本身更为剧烈的卸荷和应力调整过程使其降低程度更大，表现出对掌子面的位置变化更为敏感。由于之前开挖过程中多面临空围岩内部产生的裂缝较单面临空围岩更为密集，因此即使在掌子面远离之后，对其他部位进行开挖时，前者的变形速率仍会大于后者。

　　多面临空围岩这种特殊的开挖响应特性在其他类似工程中也有体现。在长河坝水电站主厂房边墙与平交洞室贯通处，围岩变形较大，如 2# 和 4# 母线洞与主厂房交叉部位监测到的围岩变形超过了 100mm，明显大于无交叉洞段。而且在母线洞交叉部位还出现了局部掉块和小型坍塌等破坏现象（刘永波等，2016）。猴子岩主变室围岩变形也有类似情况。监测数据显示，与母线洞交叉连接的主变室上游侧边墙，其围岩变形整体大于无洞室交叉的下游侧边墙（李志鹏等，2014）。

5.5.4　小结

　　多面临空围岩广泛存在于大型地下洞群的交叉部位，因其特殊的结构特征，在洞群开挖过程中呈现出独特的时空响应特性。本节以白鹤滩主厂房与母线洞交叉部位（主厂房下游边墙）多面临空围岩为工程实例，基于现场围岩位移监测数据，对多面临空围岩的开挖动态响应特性进行了研究，并对响应机制进行了探讨。相比其他部位围岩，主厂房下游边墙多面临空围岩对于开挖扰动显得更为敏感，围岩变形速率更大。因而主厂房下游边墙围岩变形整体量级大于上游边墙、岩锚梁和顶拱。此外，多面临空围岩对于掌子面空间位置的变化也较为敏感。分析可知，洞群交叉部位多面临空围岩独特的开挖响应特性与其多临空面卸荷密切相关。由于存在多个临空面，开挖过程中卸荷和应力调整相比其他单临空面围岩更为剧烈，使得围岩内裂纹扩展更为迅速、密集，因此宏观上表现为围岩变形速率更大，累计变形更大。

5.6　本 章 小 结

水电工程地下洞群结构复杂、空间效应凸出，不同部位的变形破坏特性相差很大。本章在大量工程实践经验的基础上，归纳总结了厂房顶拱、岩锚梁、岩柱以及洞群交叉段多面临空围岩等关键部位的变形破坏特性，可为洞群施工控制提供参考。

（1）顶拱的变形破坏主要受结构面控制，岩体较好部位变形一般较小，但在结构面密集发育、断层出露带附近变形量级可能会很大，围岩的破坏模式以岩爆、片帮、喷层开裂以及掉块为主，应特别注意受组合结构面切割而成的楔形破坏现象。

（2）岩锚梁部位是洞室断面的转折部位，也是一个典型的异性结构，易出现应力集中现象，一般变形都较大，应特别注意岩锚梁的开挖成型控制和下层开挖对岩锚梁的扰动作用。

（3）相邻洞室开挖形成的岩柱是整个洞群开挖的关键所在，双向卸荷扰动作用导致岩柱的卸荷损伤深度较深、变形量级也较大，高吨位对穿锚索可以有效控制卸荷深度和变形量。

（4）洞群交叉段多面临空围岩是整个洞室开挖的薄弱部位，极易因应力集中而出现挤压或强卸荷破坏，且其对开挖扰动的响应更为敏感，施工过程中应尽可能减小施工扰动，并做好保护性措施或提前支护。

第6章 地下洞群围岩变形破坏时空演化规律

6.1 概　　述

随着地下工程施工理论、技术以及设备的不断发展，水电工程地下洞群逐渐向"工程规模大、地质条件复杂、施工进度快"的趋势发展。在此背景下，地下洞群围岩各种变形破坏现象频频发生，围岩大变形即是其中一种。关于围岩大变形的定义，目前还没有形成一致、明确的解释。有学者将变形量视为大变形的最直观判别指标，认为围岩变形若超过初期支护的预留变形量则应视为大变形（喻渝，1998）。有的学者则认为不能从变形量的绝对值大小来定义大变形，具有显著的变形值仅是大变形问题的外在表现，其本质是由剪应力产生的岩体剪切变形发生错动、断裂分离破坏，岩体将向地下空洞方向产生压挤推变形来定义大变形（李永林，2000）。也有学者认为洞室围岩为软弱岩质是大变形的必要条件（辜良仙，2017）。在水电地下洞室工程实践中，一般将大于50mm的变形量视为大变形，本章也采用这一判据。

围岩大变形通常是伴随着不良地质条件，如高地应力、软弱破碎围岩、断层等而出现的。这种地质灾害，不同于岩爆和坍塌等破坏，具有渐进型扩展的特点和明显的时间效应，变形不收敛、持续时间长、整治成本高，不仅威胁施工安全、影响施工进度，而且会造成一定经济损失。例如，在2013年7月的施工过程中，猴子岩水电站地下厂房上游围岩变形达到了100mm，直接导致工程停工近2个月，严重制约了施工进度，造成了重大经济损失（姜云等，2004；戴峰等，2015）。因此，为避免和控制地下工程中围岩大变形这一重要问题，有必要对其灾变机理及演化规律进行深入研究，提出有针对性的支护措施并进行评价，对于类似的工程施工具有重要的理论和实践意义。

如前面所述，地下洞室的开挖过程形成新的临空面，开挖卸荷过程使得围岩发生应力重分布，重分布形成的二次应力场直接影响洞室的围岩稳定，导致围岩发生不同程度的扰动和损伤。围岩大变形也是卸荷损伤的宏观体现之一。围岩的变形现象与围岩内部EDZ随开挖过程的演化发展息息相关，围岩内微裂纹的萌生、扩展和聚集导致了围岩松弛变形。图6.1为一种经典的硬岩开挖过程中破坏的经验–理论综合判据曲线和试验强度包络线。如图所示，当围岩受拉时，其破坏应力较低；当围岩受压时，应力超过损伤临界值围岩中就会有微裂纹扩展、聚合。此时若围压较高，岩体将发生剪切破坏；若围压较低，微裂纹之间的相互作用减弱，微裂纹将沿着矿物颗粒的边界并且朝大主应力的方向扩展，最终导致岩体发生脆性破坏，产生剥离、深部断裂等现象。

近年来国内的大型水电工程中，锦屏I级和猴子岩水电站的地下洞群围岩大变形问题较为突出。基于现场监测资料，对这两个工程主厂房、主变室各监测部位表面测点的位移值进行统计，可得围岩变形量级分布如图6.2所示。监测工具为多点位移计，故测得位移

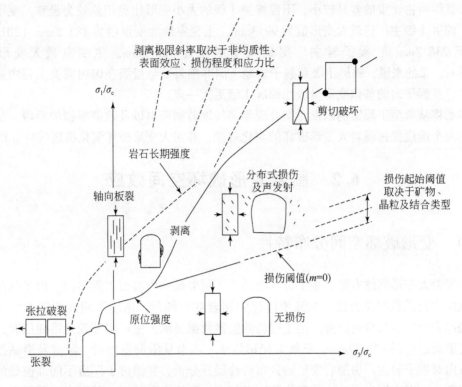

图 6.1　硬岩破坏的经验–理论综合判据曲线及试验强度包络线（Diederichs et al.，2004，有改动）

值即为围岩变形值。其中，锦屏 I 级的统计数据截至 2009 年 9 月，此时为主厂房第八层、主变室第四层开挖；猴子岩则为 2013 年 12 月，为主厂房第五层开挖。

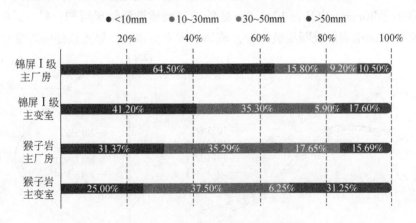

图 6.2　围岩变形量级分布示意图

由图 6.2 可知，锦屏 I 级主厂房围岩大变形占比为 10.50%，主变室为 17.60%，猴子岩主厂房围岩大变形占比为 15.69%，主变室为 31.25%，均超过了 10%，属于较高水平。相比之下，锦屏 I 级的中小变形占比重较大，主厂房和主变室的 30mm 以下变形分别为 80.30% 和 76.50%，均已超过了 75%，而猴子岩的分别为 66.66% 和 62.50%。猴子岩不同变形量级所占比重的差异较小，不像锦屏Ⅰ级的大小变形比重相差较为悬殊。变形极值方面，锦屏Ⅰ级主厂房最大变形值为99.3mm，主变室最大变形值为183.5mm（2010年9月增至236.7mm）；猴子岩主厂房最大变形值为128.3mm，主变室最大变形值为125.8mm。总的来说，锦屏Ⅰ级和猴子岩地下洞群围岩变形量级在国内同类工程中属于较大水平，且猴子岩的整体变形量级比锦屏Ⅰ级更大一点。

本章将从典型工程案例出发，结合现场多尺度监测资料以及数值模拟的手段，从时间和空间两个维度探讨围岩大变形破坏的演化规律，并对大变形破坏演化机理进行分析。

6.2　围岩变形破坏空间效应

6.2.1　变形破坏空间分布特性

在围岩大变形问题方面，猴子岩水电站地下洞群是一个典型工程案例。由于赋存环境为高地应力及低强度应力比，在开挖过程中围岩双向卸荷，出现了明显的围岩大变形现象，局部变形有不收敛的趋势。施工现场的监测数据显示，主厂房开挖至第四层时，围岩最大变形值已达到107.57mm，已属大变形量级。本节从沿洞室轴线、竖直及沿钻孔深度三个方向对猴子岩主厂房围岩变形的分布特性展开分析，并探讨了厂房不同部位处的变形破坏现象。由于主厂房下游边墙部位监测点较多、整体变形较大，其围岩变形的空间分布特性较为典型，故该部位的变形监测结果可选作研究对象。

图6.3（a）为主厂房下游边墙高程1714.60m处多点位移计孔口位移沿主厂房轴线方向的分布示意图。如图所示，1#、2#机组处围岩变形均超过了60mm，明显大于3#、4#机组处，后者小于40mm。由高程1714.9m处的工程地质勘测结果可知，1#~3#机组处有多条小断层交错切割围岩形成断层破碎带，破坏了围岩整体性，导致该处围岩变形较大。

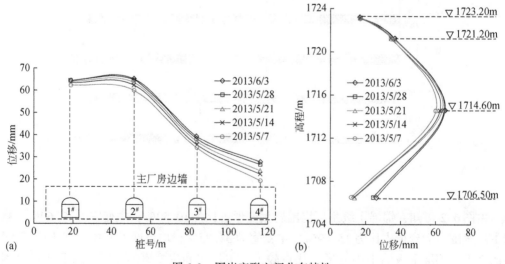

图6.3　围岩变形空间分布特性

（a）高程1714.60m处水平方向位移分布；（b）2#机组垂直方向位移分布

图 6.3 (b) 为 2# 机组断面的孔口位移随高程变化示意图。如图所示，位移曲线呈拱形，中间高，两端低。沿高程自上而下，位移先增加后减小，在中部的高程 1714.60m 处取得最大值。此外，其他机组断面的位移分布也遵循该分布规律。主要原因是该高程处刚好是岩锚梁的位置，岩锚梁施工导致了围岩变形较大。

位于 4# 机组断面高程 1714.60m 处的多点位移计 M_{CF5-8}^4 测得位移沿钻孔深度的变化如图 6.4 (a) 所示，位移在孔口处最大，随着孔深的增加呈减小趋势。并且可以注意到，位移沿孔深的分布有明显的分段特征。在孔深 0～8m 处，围岩变形整体较大，且沿孔深变化幅度不大；在孔深 5～23m 处，变形随孔深的增加不断减小；在深度 23～30m 处，围岩变形极小，且变形仍在随孔深减小。

声波测试和变形监测结果显示，围岩松弛区深度为 7～12m，最大深度可达 15m（Xu et al.，2015）。图 6.4 为主厂房下游边墙围岩典型声波波速分布及钻孔摄像图。如图所示，松弛区分布与裂纹扩展较为一致。近表层围岩较为破碎，分布有较多平行裂纹，并有剪切裂纹出现，在厂房第二层开挖完（2012 年 12 月）后呈现出明显的剥落和散裂特征。厂房

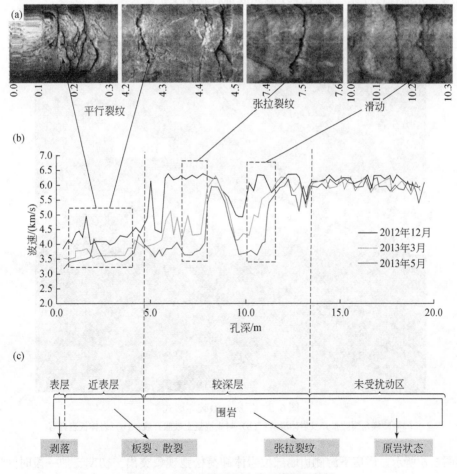

图 6.4　厂房边墙围岩由浅至深破坏特性

(a) 围岩开裂钻孔图像；(b) 声波测试结果；(c) 孔深方向上不同的围岩破坏形式

第三层开挖完（2013 年 3 月）后，钻孔深度在 7.4 ~ 7.5m 处的完整岩体也出现了张拉裂缝，断裂面较为陡峭，且与开挖面近似平行，呈现出明显的张拉破坏特征。此外，钻孔深度在 10.0 ~ 10.4m 处的软弱结构面有明显的张拉和滑动位移。深层裂纹的扩展、延伸，软弱结构面的张拉和滑动与围岩变形量的增长极为吻合。

除了围岩大变形外，在猴子岩水电站地下洞群的不同部位还出现了多种其他围岩破坏现象，主要破坏形式有劈裂破坏、板裂破坏、挤压弯折破坏等。

洞室刚开挖完成时围岩较为完整，开挖后几小时发生反复掉块、劈裂等高地应力引起的破坏。如图 6.5（a）所示，主厂房下游侧岩锚梁部位围岩卸荷回弹，朝向临空面变形，陡倾角裂缝张开，缝宽 1 ~ 6cm，部分裂缝扩展贯通，导致岩体滑落。在主厂房上游拱肩及下游拱脚部位，衬砌混凝土严重劈裂破坏，衬砌脱空，钢筋肋拱挤压弯曲变形，如图 6.5（b）所示。如图 6.5（c）所示，上游拱肩部位新鲜岩体呈板状挤压劈裂剥落，劈裂缝方向与开挖面近平行，起伏、粗糙，掉落岩块呈块状或薄片状，厚度在 0.7 ~ 1.5m，有的甚至呈碎片状，表明岩体受到很大挤压应力作用。锚杆注浆孔普遍存在塌孔的现象，必须采用"先插杆再注浆"的工序才能完成锚杆初期支护。

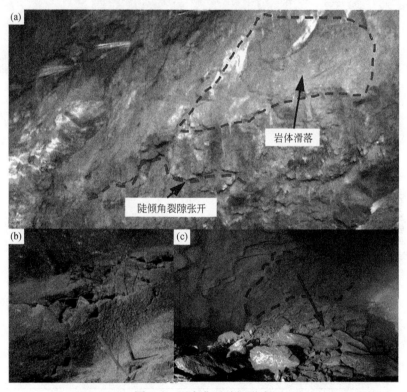

图 6.5　厂房典型破坏形式

（a）陡倾角裂隙张开及岩体滑落；（b）衬砌混凝土鼓胀开裂；（c）岩体板裂剥落

如图 6.6 所示，厂房下游侧边墙部位岩体卸荷松弛现象突出，初期支护一段时间后，高边墙部位岩体不断向临空面内鼓，大量陡倾角裂隙扩展贯通，破裂面近似平行开挖面，表面粗糙、张开，有很明显的压致拉裂特性，岩体呈层状剥落，且破坏面不断向围岩内部扩展，如果不及时处理，岩体将像剥洋葱皮一样被层层剥下，最终极有可能导致大面积塌方。

图 6.6　下游边墙围岩卸荷松弛剥落

6.2.2　大变形的高边墙效应

由第 2.2.3 节可知，地下厂房边墙的大变形破坏与高边墙效应有密切联系。所谓高边墙效应是由于大型地下厂房的不断下挖形成高边墙，洞室高跨比不断增大，边墙围岩向开挖临空面产生较大的回弹变形。可以说，高边墙效应是大型地下厂房边墙变形破坏的一种时空演化规律，不仅与时间即分层开挖过程相关，而且与厂房的空间特性（开挖尺寸和洞室高跨比的变化）密切相关。对地下厂房主要洞室的分层开挖过程进行数值模拟可直观呈现高边墙效应的演化过程。图 6.7 为 $7^{\#}$ 机组中心线剖面围岩在不同开挖步骤时的 x 方向位移分布云图。

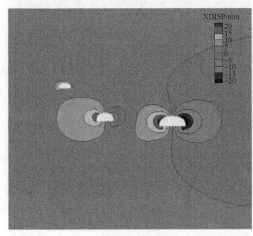

(a) 第一层开挖

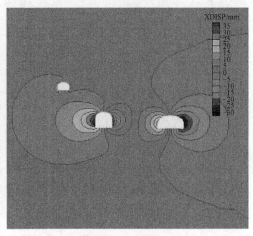

(b) 第二层开挖

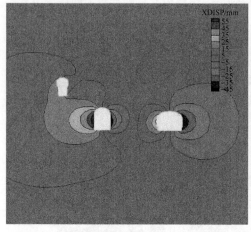
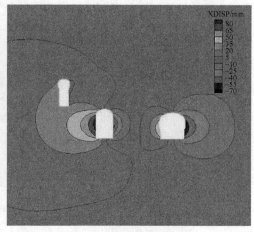

(c) 第三层开挖　　　　　　　　　　　(d) 第四层开挖

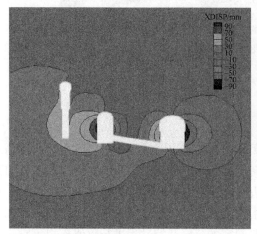
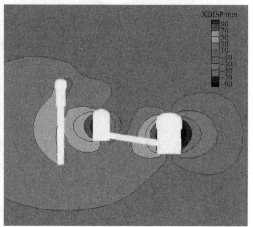

(e) 第五层开挖　　　　　　　　　　　(f) 第六层开挖

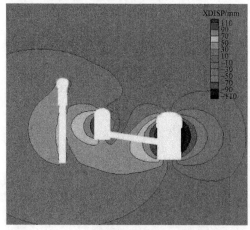
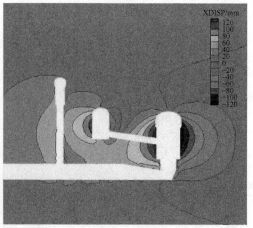

(g) 第七层开挖　　　　　　　　　　　(h) 第八层开挖

图 6.7　7#机组中心线剖面在各开挖步骤中 x 方向位移分布图

由图 6.7 可知，在第一层开挖完后，洞室围岩的 x 方向位移基本左右对称，其中主厂房 x 方向最大位移值在 20mm 左右，主变室 x 方向最大位移值在 15mm 左右。此时主厂房与主变室均在进行顶拱部位的开挖，洞室高跨比相近，但由于主厂房的开挖尺寸更大，因此位移值更大。在随后的第二、三、四层开挖过程中，主变室的高边墙已形成，洞室高跨比大于 1，边墙围岩位移不断增大。此时主变室边墙围岩的整体位移值大于主厂房，这是由于主变室先于主厂房形成了高边墙，主变室高跨比超过了 1，而主厂房高跨比仍小于 1，因此前者的高边墙效应更为明显，边墙围岩的回弹变形更为严重。随着开挖的不断进行，主厂房和主变室的位移值都在不断增加。到第五层开挖完成时，主变室开挖结束，主厂房边墙位移值仍小于主变室。第六层开挖完成时，主厂房高边墙已形成，边墙位移值已达到主变室的量值水平，上下游位移均在 90mm 左右。在后续的开挖过程中，主厂房的高跨比不断增大，高边墙效应变得更为明显，最终边墙的累计位移值为 120mm 左右，已明显大于主变室的位移值。

由主厂房和主变室围岩位移随开挖的演化过程可知，边墙围岩的变形现象与开挖过程中洞室高跨比的变化息息相关，边墙围岩大变形的出现与高边墙的形成在时间上较为一致。而由于主厂房的开挖尺寸更大，在开挖完成后的围岩累计位移值也要大于主变室，尾水闸门室的高边墙虽早于主变室形成，但由于其开挖尺寸较小，边墙位移值的变化不及另外两大洞室明显。由此可见，随开挖步骤和洞室高跨比不断演进的高边墙效应，更容易发生在尺寸较大的洞室中，此为空间效应。

为直观呈现边墙位移随开挖步骤的演化过程，在主厂房及主变室的下游边墙分别取观测点，绘制出不同开挖步骤时边墙位移沿洞室轴线方向的变化曲线，如图 6.8 所示。由于图中位移陡增处为断层，故可选取围岩较为完整的桩号 50～200m 段进行分析。由图 6.8（a）可知，在开挖过程中主变室下游边墙位移值不断增长，桩号 50～200m 段位移值从第二层开挖完的 35mm 左右，在主变室开挖完之后增至 75mm 左右。对比图 6.8（b）可见，在此时尚未形成高边墙的主厂房，桩号 50～200m 段边墙位移值仍在 50mm 左右，小于主变室。随后主厂房高边墙形成，主厂房边墙位移值持续增大，增长速度略大于主变室在第三、四层开挖时的增长速度，在第八层开挖完成时桩号 50～200m 段位移值已超过了 100mm。而且在各自的最后一层开挖过程中，主厂房及主变室边墙位移值的增长均有明显的放缓。

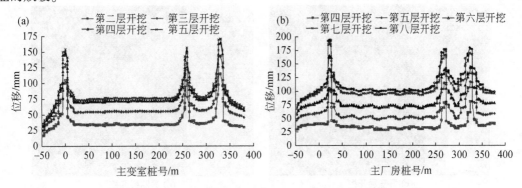

图 6.8　主变室（a）及主厂房（b）下游边墙位移变化曲线

图 6.9 为 2# 机组中心线剖面围岩在不同开挖步骤时的塑性区分布图。由图可知，在第一层开挖完后，三大洞室的顶拱和底板均有围岩塑性区出现。其中主厂房顶拱和底板塑性区深度在 10m 左右，主变室上游侧拱肩塑性区深度在 6m 左右，尾水闸门室周围岩体塑性区深度为 2 ~ 3m。第二层开挖完后，三大洞室的塑性区范围均有所扩大，主变室顶拱与底板的塑性区已贯通。在第三层开挖完成后，主变室已形成高边墙，此时主变室边墙围岩塑性区已明显大于主厂房，后者的高跨比仍在 1 以下。随后主变室塑性区范围持续扩大，至第五层开挖完成时，其下游拱肩部位塑性区已与尾水闸门室边墙塑性区贯通，此处需布设有效的支护措施防止围岩发生破坏。在这个过程中主厂房塑性区范围也在增加，在第五层开挖完成时已接近主变室。在后续的开挖过程中，主厂房的高边墙效应逐渐凸显，其边墙部位塑性区的扩展在整个剖面中最为明显。主厂房下游边墙与主变室上游边墙在第七层开挖完后出现塑性区贯通，主厂房与尾水洞之间的岩体也在第八层开挖完后出现了塑性区贯通的现象，均应对围岩或岩柱采取支护措施加以控制。在整个洞群开挖完成后，主厂房上游侧边墙塑性区深度为 18 ~ 20m，主变室下游侧边墙塑性区深度为 10 ~ 13m，尾水闸门室及尾水洞周围岩体中塑性区深度为 4 ~ 6m。虽然洞室尺寸更大的主厂房在洞群开挖结束后有最大的塑性区范围，但在其高边墙形成之前，其塑性区范围一直都小于先形成高边墙的主变室。可见，与围岩位移随开挖步骤的演化规律相似，围岩塑性区的扩展也与开挖过程中洞室高跨比的变化息息相关。高边墙形成时，边墙围岩向临空面回弹变形，变形随边墙的增高不断加剧，变形量显著增大，塑性区范围也不断扩大。

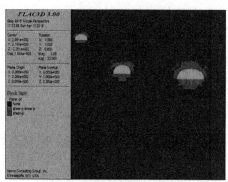

(a) 第一层开挖

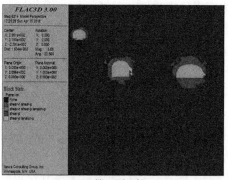

(b) 第二层开挖

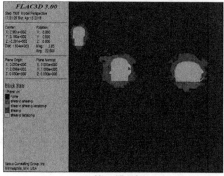

(c) 第三层开挖

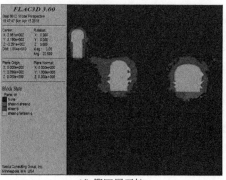

(d) 第四层开挖

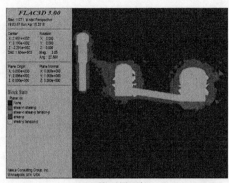
(e) 第五层开挖

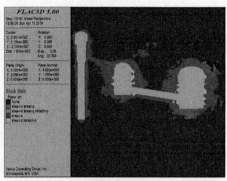
(f) 第六层开挖

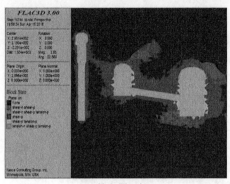
(g) 第七层开挖

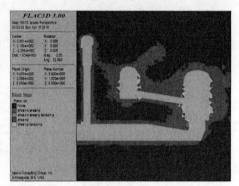
(h) 第八层开挖

图 6.9　2#机组中心线剖面塑性区分布图

6.3　围岩变形破坏时间效应

如第 5.4.2 节所述，地下洞群围岩变形的时间分布特性通常有两种表现形式，一种是随着支护措施的强化及时间的推移，围岩变形速率降低，时效性逐渐消失；另一种是变形量随时间的推移不断增长，呈现出不收敛的特性（魏进兵等，2010）。在猴子岩地下洞群施工过程中，后一种变形破坏现象较为突出，多处围岩出现不收敛大变形现象，其中以厂房边墙较为严重。

图 6.10（a）展示了猴子岩主厂房边墙围岩典型绝对位移监测结果，该测点位于断面 K0+018m 上游侧边墙。如图所示，随着厂房分层开挖的进行，绝对位移曲线呈台阶状增长，表现出明显的时效性。在主厂房第三层开挖过程中，孔口处位移增长明显，而 5m 孔深测点的位移增长相对滞后，于第四层开挖过程中明显增长。至第五层开挖时，孔口位移与 5m 孔深位移增长速度放缓，孔口位移于 2013 年 12 月达到峰值 35mm。但此时位移并不收敛，呈进一步增长的趋势，有发生大变形破坏的风险。15m 孔深测点的位移几乎不变，表明围岩变形由浅至深逐渐减弱。

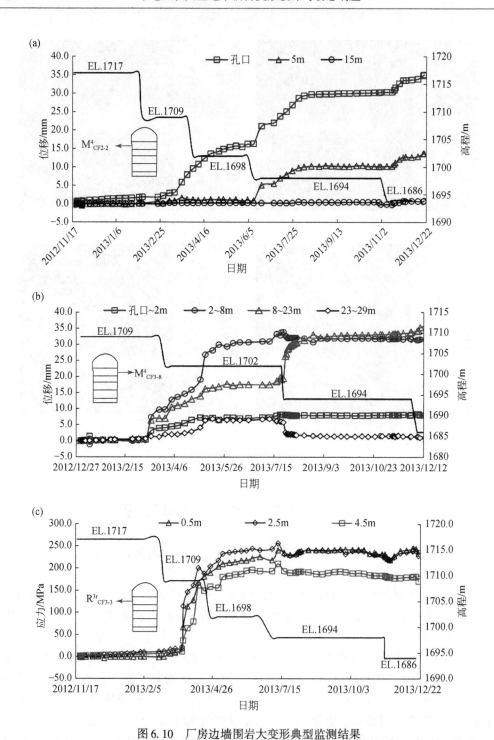

图 6.10　厂房边墙围岩大变形典型监测结果

(a) 多点位移计 M^4_{CF2-2} 测得绝对位移曲线；(b) 多点位移计 M^4_{CF3-8} 测得相对位移曲线（2～8m 表示孔深 2～8m
处围岩相对位移）；(c) 锚杆应力计 R^{3r}_{CF3-3} 测得应力曲线

10（b）为主厂房边墙围岩相对位移监测结果，该测点位于断面 K0+51.3m 下游侧边墙。由图可知，相对位移曲线亦呈台阶状增长，孔口位移变化不显著，孔深 2~8m 处位移在第三层开挖过程中急剧增加，至第四层开挖时已趋于稳定，而孔深 8~23m 处位移不仅在第三层和第四层开挖过程中增至 30mm 以上，且在第四层开挖结束后仍不收敛，有继续增长的趋势。可见，该处围岩较深部位的相对变形较为严重。此外，厂房边墙围岩大变形在锚杆应力监测结果中也有所体现。图 6.10（c）为图 6.10（b）位移测点同一部位所设锚杆应力计测得的应力–时间曲线。如图所示，锚杆应力的变化趋势与围岩位移较为一致，应力在第三层开挖过程中急剧增加，而后逐渐放缓并在第五层开挖时趋于收敛。最终峰值为 240MPa 左右（0.5m 孔深和 2.5m 孔深测点）。总的来看，锚杆应力属较大水平，且以边墙部位锚杆尤甚，边墙处应力超出容许量值（300MPa）的锚杆占比甚至超过了 10%。锚杆应力大，也从侧面表明围岩发生了较为严重的变形，锚杆在约束和限制围岩变形中发挥了重要作用。

6.4 围岩大变形破坏演化机理

以猴子岩地下洞群为例，如图 6.11 所示，在洞室开挖之前，由于洞群埋深较大，围岩处于高地应力的三维受压状态（径向应力 σ_r，切向应力 σ_t，轴向应力 σ_a），岩体质量较好嵌合紧密，积蓄了一定的变形能。在围岩瞬间开挖爆破时，径向应力 σ_r 解除，而切向应力 σ_t 在下游拱脚开挖面附近集中，围岩在不稳定的双向高应力（径向应力 $\sigma_r \approx 0$）作用下，向临空面卸荷回弹，并且释放一定的变形能。这种瞬时卸荷和差异回弹变形导致拉应力在原始微裂纹尖端集中，引起微裂纹的萌生、扩展和贯通，高切向应力和高轴向应力迫使裂纹只能沿着平行于这两个应力组成的平面发展（Zhu et al.，2014），即平行于临空面

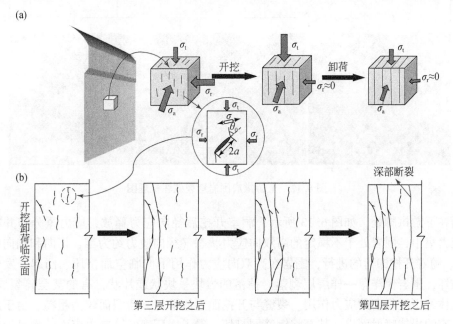

图 6.11 厂房边墙围岩大变形机理图

发展，多组平行裂纹在围岩表面扩展，并且伴随着一些剪切羽化裂纹，最终导致围岩的片帮和劈裂破坏。表面围岩在高切向应力作用下马上出现塑性屈服现象，承载力降低，应力集中向围岩内部传播。随着开挖扰动和高边墙的形成，围岩向临空面的卸荷回弹变形越来越大，裂纹扩展和卸荷松弛逐渐向围岩内部传播，而切向应力集中得到缓解，同时由于围岩过大地向临空面变形，围岩内部出现拉剪应力状态，过大的拉剪应力引起围岩的深部拉裂，从而加剧了围岩向临空面变形，在这种循环作用下，深部围岩出现了多组间隔一定距离的平行张拉裂纹，围岩的大变形也就出现。

　　除了围岩大变形，猴子岩主厂房上游拱肩及下游拱脚部位围岩还出现了片帮、劈裂破坏和混凝土衬砌挤压破坏，破坏的发生位置与厂房区最大主应力方向具有明显的空间对应关系，即片帮破坏发生在与隧洞横断面上最大主应力方向呈大夹角或近似垂直的洞周轮廓线上。如图 6.12 所示，围岩开挖后径向应力解除，应力重分布，应力在上游拱肩和下游拱脚处集中。切向应力在上游拱肩集中，围岩较完整区域裂隙沿最大主应力方向发展，最终发生平行开挖面的劈裂、挤压破坏；在反倾向节理 J_1 发育区域，岩体沿节理面张开进而发生弯曲折断破坏。第二主应力越高，与厂房轴线夹角越大，应力重分布后切向应力的集中程度越明显，围岩破坏程度越大。

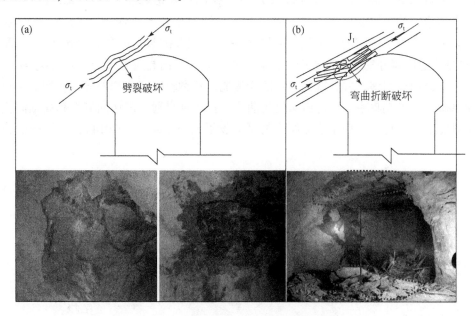

图 6.12　上游拱肩围岩劈裂破坏机理图

　　而在下游拱脚处，如图 6.13 所示，洞室开挖后径向应力释放，应力重分布并在此处产生应力集中，围岩处于不稳定的高双向应力状态（径向应力约为零，切向和轴向应力均很高）。随着开挖卸荷的进行，围岩在高双向应力作用下向临空面挤压、凸起，发生挤压劈裂破坏，围岩像洋葱一样层层剥落。掉落的岩块呈块状或片状，有的甚至碎裂成粉状，表明岩体经历过很高的应力作用。裂缝与开挖面近似平行，断裂面较为粗糙。由于应力非常高，有的岩体喷射而出，甚至将钢筋网打坏。猴子岩厂房区第二主应力较大且近似垂直于主厂房轴线，加剧了开挖过程中主厂房上游拱肩和下游拱脚的应力集中，这是导致此处围岩开裂剥落和挤压变形的最重要原因。而且应力重分布后下游拱脚的最大主应力相比上游拱肩处略大，也解释了下游拱脚围岩变形破坏较上游拱肩更为明显。

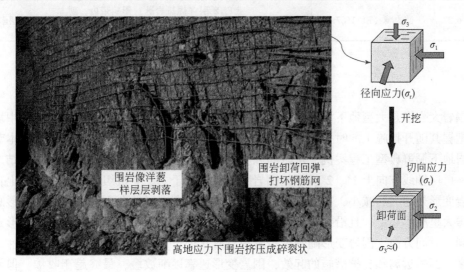

图 6.13　厂房下游边墙围岩大变形机理图

　　猴子岩地下厂房区域第一、第二主应力水平均较高，而且高地应力（尤其是较高的第二主应力）对洞室高边墙的影响不能通过厂房轴线的调整来有效降低，加之存在断层、挤压破碎带等复杂地质构造，以及大范围的施工扰动，洞室围岩出现大面积的大变形现象是这些因素综合作用的结果。实际上，由于赋存环境特性的复杂性和多样性，地下洞群出现围岩大变形破坏的诱因其实并不相同，有的由单一因素决定，有的是多种因素综合作用的结果。例如，锦屏 I 级地下厂房 8 个出现围岩大变形的监测点中，有 2 个属于典型的高地应力下完整岩体破坏，有 3 个是受断层影响，有 2 个是受高地应力和节理裂隙的共同作用，而变形最大的测点则是因为支护不及时（表 6.1）。

表 6.1　锦屏 I 级地下厂房表面位移量大于 50mm 的测点基本情况

桩号	高程	表面位移/mm	地质简况	变形原因
纵 0+00.00m	下游边墙（EL. 1666m）	99.3	母线洞第二层开挖时有塌方。锁口支护较晚	没有及时锁口支护
纵 0+79.00m	下游边墙（EL. 1659m）	69.5	岩石完整。高地应力破坏现象普遍	施工开挖
纵 0+79.00m	下游边墙（EL. 1650.5m）	63.0	岩石完整。高地应力破坏现象普遍	施工开挖
纵 0+95.10m	下游边墙（EL. 1666m）	73.2	位于 F_{14} 断层内	受断层影响
纵 0+126.8m	上游边墙（EL. 1650.5m）	58.2	位于 F_{14} 断层内	受断层影响
纵 0+142.3m	下游边墙（EL. 1666m）	55.3	浅表岩体受 f_{cf-3} 裂隙影响	施工开挖
纵 0+158.5m	下游拱脚（PS1 预埋 EL. 1667.6m）	64.6	浅表岩体受 f_{cf-2} 和 f_{cf-3} 两条裂隙切割，形成块体	高地应力，偏压

桩号	高程	表面位移/mm	地质简况	变形原因
纵 0+196.27m	下游边墙（EL.1667m）	67.8	F_{18}断层（煌斑岩脉）影响带内，副厂房联系洞塌方损坏	受断层影响

6.5　本章小结

　　围岩大变形是大型地下洞群典型围岩破坏现象之一，在许多工程的施工过程中均有出现，把握其随开挖施工的时空演化规律对于变形控制、保障安全稳定至关重要。本节基于猴子岩地下洞群典型工程案例，从时间和空间两个维度对大变形演化规律做出总结。空间方面，厂房轴线方向上 1#、2#机组处围岩变形明显大于 3#、4#机组处；竖直方向上自上而下围岩变形先增大后减小，在岩锚梁处取得最大值；在围岩钻孔方向上，围岩变形总体随孔深增大呈减小趋势，且沿孔深呈分段特征；在厂房不同部位，围岩的变形破坏形式也有所不同。时间方面，围岩变形随开挖步骤呈台阶状增长，并且表现出明显的时效性。随着开挖掌子面的远离和支护措施的起效，围岩变形速率逐渐放缓，最终趋于收敛，但局部仍有不收敛变形，累积变形较大，需采取针对性加固措施。进一步分析可知，猴子岩地下厂房区域第一、第二主应力水平均较高，受高地应力（尤其是较高的第二主应力）影响，加之断层、挤压破碎带、开挖扰动等多因素综合作用，最终导致了洞室围岩出现较为严重的大变形现象。

第7章 高新技术在洞群围岩变形破坏中的应用

7.1 概　述

在地下洞群施工期间，为保证施工安全与工程质量，必须进行一系列的监测。然而，由于洞群环境复杂、光线昏暗，传统的监测技术往往会遇到一定的困难。

例如，围岩开挖的超欠挖量是洞群施工质量控制的一个最基本指标。控制好洞群开挖围岩超欠挖量对隧洞工程施工尤为重要，它直接关系到钢筋网铺设、锚杆安装以及二次衬砌中的防水层、止水带、预埋件、混凝土施工等一系列工序，与工程进度，项目效益密切相关。然而，传统的测量方法（如红外测距经纬仪、全站仪、断面仪等）都为"单点式"测量。而由于测点有限，往往无法全面反映洞室整体偏差分布情况，从而难以满足现场施工的要求。

再如，衬砌断面体型偏差是衬砌混凝土质量检测的重要指标，尤其是有过流要求的衬砌隧洞，对于其表面体型控制有着严格要求。传统隧洞衬砌表面体型偏差采用"单点式"的全站仪或直尺测量，具有很大的随机性，很难对衬砌表面混凝土体型偏差做出全面精细化的评价。因此，传统的测量方法不容易检查出衬砌表面的突变处，从而在高速水流通过时会产生空化空蚀的危害。

另外，现如今的大型地下洞室往往存在大跨度、高边墙的特点。因此，在原有地质结构面切割以及开挖卸荷等人为施工因素的综合影响下，大型地下洞室开挖施工时往往存在着片帮、掉块等危岩体破坏。传统的危岩体排查主要通过施工人员登上台车依靠肉眼进行检查。这样的排查方式速度慢、效率低，且严重受到地下洞室光线不足、环境复杂的制约。因此，传统技术手段难以实现对危岩体的精准高效排查，从而导致现场施工人员的生命安全受到严重威胁。

三维激光扫描技术为以上传统监测困局提供了一种新的思路。三维激光扫描可以无接触获取大范围测量对象的表面几何信息，实现高效量测。它无需对边坡表面做任何处理即可获取其表面高精度、高密度的三维坐标信息，且每个三维坐标值都是监测对象表面空间的真实数据。通过对获取数据的三维重构，可在室内实现对洞群表面的几何形体、超欠挖、三维变形等信息进行详尽调查、提取和量测。

三维激光扫描在地下洞室中的工作方式如图7.1所示。三维激光扫描技术完全不受地下洞室光线不足、边墙高陡、施工环境复杂的限制，只需要进行短时间的现场扫描就可以得到高密度的洞室轮廓点云数据，再经过后期的室内数据处理即可得到地下洞室的高精度空间三维模型。通过在计算机内对扫描得到的三维模型进行分析，可以对超欠挖量、衬砌断面体型偏差、危岩体分布等做出准确判断。本章将分小节对三维激光扫描技术在洞群围岩变形破坏中的应用进行详解。

图 7.1　三维激光扫描在地下洞室中的应用

7.2　洞群围岩逆向化精准建模

7.2.1　三维激光扫描简介

三维激光扫描技术又称为"实景复制技术"，是 20 世纪 90 年代中期开始出现的一项高新技术，是继 GPS 空间定位系统之后又一项测绘技术新突破。该技术能够高精度（毫米级）、高密度（点云间距 5～10mm）、快速（10min/次）地获取扫描对象空间信息，完全颠覆了传统的工程建模与量测技术：工程建模方面，完全颠覆了设计→图纸→产品的过程，真正实现了对象→点云→实景模型的逆向化过程，这使得繁杂、庞大、抽象的工程（或自然）对象变得具体、精细、可感知；工程量测方面，使传统的点、线、面一维和二维量测升级到三维的体、场量测。

地面型三维激光扫描系统（Terrestrial Laser Scanner）的主要构成包括三维激光扫描仪主机、扫描仪旋转平台、数码相机、软件控制平台、数据处理平台、电源及其他附件设备（图 7.2），是一种将多种高新技术集成于一体的新型空间信息数据获取手段。根据三维激光扫描仪测量方式的不同，可分为基于脉冲式和基于相位差式，脉冲式测量是基于时间-飞行差的工作模式，即由激光发射器发射出的激光经被测量物体的反射后又被测距仪接收，并记录下从激光发射到被接收时的时间差，由此计算出被测物体与扫描仪中心的空间距离；相位式测量是用无线电波段的频率，对激光束进行幅度调制并测定调制光往返测线一次所产生的相位延迟，再根据调制光的波长，换算得到此相位延迟所代表的距离，进而获取空间距离的测量数据。

图 7.2　三维激光扫描仪示意图

(a) 长距离三维激光扫描仪（OPTECH ILRIS-3D）；(b) 高精度短距离三维激光扫描仪（VZ-400）

相位式扫描仪测量精度较高，但是扫描距离受限制，目前岩土勘测领域普遍运用的是脉冲式三维激光扫描仪。脉冲式三维激光扫描仪的工作原理如图 7.3 所示，三维扫描系统直接获取的观测数据包括角度信息、距离信息和强度信息，其中距离信息为通过脉冲激光传播的时间计算得到仪器中心到扫描对象点的距离值 ρ；角度信息用来表示测量对象点与扫描仪中心空间角度关系，包括水平方向角 α 和竖直方向角 θ；强度信息为扫描点的反射强度 I。

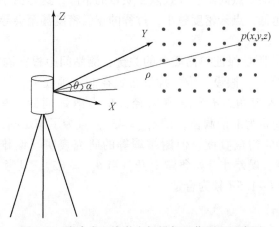

图 7.3　脉冲式三维激光扫描仪工作原理示意图

通常扫描获取的三维点云数据采用空间直角坐标的数据表示形式，可通过获取的角度信息和距离信息计算得到，强度信息一般用来给反射点赋予颜色。扫描仪在扫描过程中使用仪器内部直角坐标系统，仪器中心为坐标原点，X 轴与 Y 轴在水平扫描面内相互垂直，Z 轴则垂直于水平扫描面。根据式（7.1）、式（7.2）可计算出任意扫描点 P_i（x_i，y_i，z_i）的坐标，式中 c 为激光在空间的传播速度，TOF 为激光从发射到被接收时在空间的飞行时间。

$$\rho = c \times \left(\frac{\text{TOF}}{2}\right) \tag{7.1}$$

$$\begin{cases} x = \rho \cdot \cos\theta \cdot \cos\alpha \\ y = \rho \cdot \cos\theta \cdot \sin\alpha \\ z = \rho \cdot \sin\theta \end{cases} \tag{7.2}$$

扫描获取的三维点云数据包含测量对象的高分辨率、高精度空间信息（如隧洞几何信息、岩体表面细微的起伏信息、节理裂隙等），通过点云除噪、拼接、融合、坐标转换、构网、模型重建等一系列算法过程可实现测量对象的精准逆向化建模，为高精度测绘、高精度质量控制、精细化精准工程勘测等提供可靠数据。另外，通过不同时期模型的空间对比，可实现测量对象表面变化（如变形、挖填、侵蚀）的三维全空间精准测量。

7.2.2　点云数据获取

三维点云数据的现场扫描获取是隧洞精准逆向化建模的第一步，由于地下洞群施工现场条件复杂，干扰因素众多，因此如何设计合理的现场扫描作业方案，确保获取数据的完整性、精确性和可靠性，直接关系到洞群逆向化建模的质量和后续变形监测的精度。

1. 测站间距选取

大型地下洞群一般是狭长线性结构，需要沿洞室轴线布置多个扫描站点，依次进行扫描。站点间距直接影响扫描精度，站点间距越大，则扫描次数少，点云密度越稀，所需时间也就越短。但是过大的站点间距会导致点云质量的下降，这是由于站点间距越大，激光的入射角越大，精度越低，点云密度越小，过稀的点云密度甚至会导致物体表面几何信息的失真。

选取适合的测站间距是保证扫描质量的关键，测站间距根据洞室断面直径和最大入射角确定。如图7.4所示，假设三维扫描仪布置在洞室轴线上，最大入射角点位于点 A 处，图中 $\theta_{\max}$ 为最大入射角，d 为隧道内径，D 为测站间距。根据经验，刘绍堂等（2014）建议取测站间距为1倍洞径，即 $\theta_{\max} = 45°$，且为了满足断面 ICP 法的配准需要，点云至少有 20%~30% 的重叠度。但谢雄耀等的研究表明（谢雄耀等，2013；Lichti，2007），当 $\theta_{\max} > 65°$ 时，误差才开始急剧上升，当 $\theta_{\max} = 65°$，且考虑 ICP 法的配准需要时，取测站间距 $D = 1d \sim 1.5d$ 较为合适。

2. 测量控制网设计

每一站扫描获取的三维点云数据都处于以仪器中心为原点的局部坐标系内，只有通过点云配准才能将处于局部坐标系下的各测站三维点云统一到同一坐标系中，从而将点云接连成一个三维整体。目前常用的洞室点云配准方法是基于相邻测站点间的扫描重叠区，将点云"首尾相连"地拼接起来，然而这种拼接方法会产生明显的误差累积效应，即拼接误差会随着拼接次数的增加而不断积累，如图7.5所示。

通过设计一个合理的测量控制网，减小连续拼接的次数，可以有效控制点云的拼接精度。对于一个封闭连通的地下洞群来说，其测量路线最好设置成闭合回路，以便误差的矫正与消除，如图7.6所示。进一步地，通过在测量线路上均匀布设控制点，可以有效减小

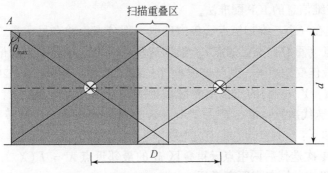

图 7.4　测站几何关系图和扫描重叠度

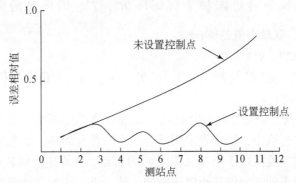

图 7.5　设置控制点与未设置控制点的三维点云数据拼接累积误差的对比分析

连续拼接的次数，从而达到提高拼接精度的目的。

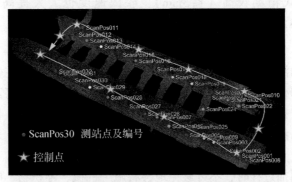

图 7.6　白鹤滩左岸地下厂房测量控制网设计

7.2.3　点云数据处理

1. 点云配准

所谓点云配准，就是将处于局部坐标系下的各测站三维点云通过坐标转换，统一到同一坐标系中，从而将点云接连成一个三维整体的过程。常用的点云配准方法是基于同名点

（重叠扫描区）三维信息的 ICP 配准法。

ICP 配准法是在一个三维扫描点云集内选取一部分点，并在另一个三维扫描点云集内选取对应的同名点（重叠扫描区的点）。根据这些点对之间距离平方和最小的原则，通过不断迭代，寻求最佳变换矩阵，其具体过程（托雷，2012；史玉峰等，2013）如下：假设有 2 个点云集合 X，Y，它们的扫描重叠区域为 M，M 中任意一点在 X，Y 上位置分别为 x_i，y_i；$n \leqslant n_{max}$ 为迭代次数；R^n，T^n 为 2 个点云数据集间的第 n 次旋转矩阵和平移矩阵。第 n 次迭代过程如下：

（1）计算 n–1 次迭代后两组点云重叠区 M 的最邻近点 $X^n = \Gamma(X^{n-1}, Y)$，使得 Y 中 M 处的每一个点与 X^n 中的同名点距离最近；

（2）计算第 n 次旋转矩阵和平移矩阵 R^n，T^n，即满足函数 $\omega(R^n, T^n) = \sum\limits_{i=1}^{m} \| R^n x_i^{n-1} + T_n - y_i \|^2$ 取最小值的解；

（3）变换 X^n，$X^{n+1} = R^n X^n + T^n$；

（4）当 $\omega(R^n, T^n) - \omega(R^{n-1}, T^{n-1}) \leqslant \delta$，或者 $n > n_{max}$（n_{max} 为最大迭代次数）时迭代结束，δ 为欧氏距离均方差阈值。

ICP 算法精度较高，但是迭代耗时较长，如果初值选用不当，收敛速度会很慢，甚至不收敛。在实际操作过程中，往往先采用基于三维图像几何特征信息的初次迭代，即通过人工识别、指定扫描重叠区内 3 个（及以上）同名点，计算这些同名点及其领域点的曲面法向矢量，并调整矢量的方向使其指向曲面同一侧。进一步地，计算出各个点的曲率，利用曲率匹配来识别两组点云数据可用于拼接的点对集合，找出能使最多点对法向一致的变换矩阵，完成迭代（托雷，2012）。以上述迭代结果为初值，采用 ICP 法再进行二次迭代。经过改进的 ICP 迭代精度较高（≤3mm），收敛速度也大大提高（迭代时间控制在15min），完全能够达到工程要求。

2. 点云除噪

三维扫描获取的洞室三维点云包含噪点和一些不必要的信息，在数据使用前需对其进行处理。灰尘、内部机械震颤等都会使扫描点云产生少量噪点，需将其删除。对于灰尘产生的噪点一般都处在扫描镜头前方少量范围内，直接将其删除即可。机械震颤产生的噪点也叫孤点，指的是以该点为球心的一定范围内没有其他点信息的点，通过相应软件内置的算法将其删除即可。

对在建洞室的扫描过程时，不可避免地会将施工机械、堆积物、电缆、锚杆头等不必要的信息包含在点云内部，对后续施工质量评价及围岩变形监测产生严重干扰，如何删除这些干扰，是点云处理算法的重点。施工机械、堆积物等一般处在地面，可采用地形过滤的方式，采用保留最低点的算法将其剔除。挂网、电缆、锚杆头一般都沿洞壁布设，离洞壁有一定距离，可以通过筛选洞壁轮廓点云，并根据所筛选点云通过最小二乘法建立洞壁三维表面轮廓，通过分离距离轮廓表面一定阈值的点云的算法，将隧洞边壁点云与其他干扰点云分离开来，如图 7.7 所示。

经初步分离后，有部分洞室边壁点云会被错误地认为是干扰点云，如图 7.7（b）所示，需要将这些点云重新归类到隧洞点云中，这里就涉及点云的分组与归类。采用点云分

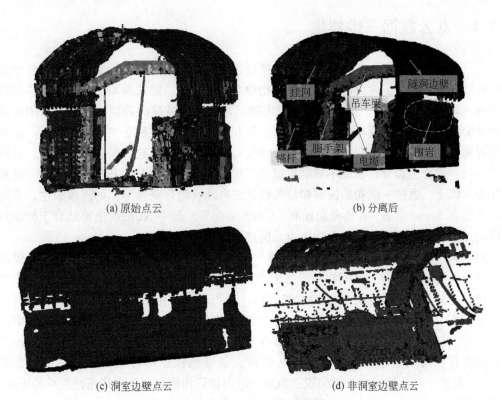

(a) 原始点云　　　　　　　　　　(b) 分离后

(c) 洞室边壁点云　　　　　　　　(d) 非洞室边壁点云

图 7.7　洞室点云分离示意图

组归类算法，根据空间关系及连续性特点将点云分割成不同的组别，并手动将所有洞室边壁点云选出并重新合并成整体，删除干扰点云，最终得到正确的洞室边壁点云，如图 7.8 所示。

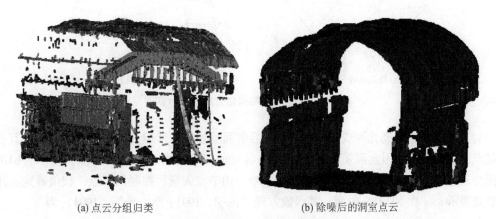

(a) 点云分组归类　　　　　　　　(b) 除噪后的洞室点云

图 7.8　洞室点云分组与归类

7.2.4　点云数据三维建模

点云三维模型的建立是后续隧洞施工质量评价与围岩变形监测的基础，也是整个点云数据处理的核心环节，常用的曲面模型的构建方法有三种：隐式曲面法、三角网法和参数曲面法（潘建刚，2005）。隐式曲面法采用隐函数表示待重建的曲面，便于对封闭曲面和多值曲面的表示，但需要花费大量的处理时间和存储空间，不利于快速工程分析。三角网法通过构建大量三角面片对待建曲面进行线性逼近，该方法构建的模型灵活性好，且边界适应性强，适合工程分析领域不规则数据的三维重建。参数曲面的基本思路是用一组基函数作为权因子，通过一组初始控制向量的线性或有理性组合获得形体的连续表达，常用的参数曲面有 Bezier 曲面、B 样条曲面和 NURBS 曲面等，其中 NURBS 曲面适合于分布规则有序的点云，尤其是表面较光滑物体点云的建模。

对于采用常规钻爆法而未衬砌的毛洞，其开挖围岩表面凹凸不平，扫描点云极不规则，这里采用 Delaunay 三角网法对开挖围岩三维扫描点云进行建模。Delaunay 算法主要分为两步：先对每个采样点搜寻可能的邻近点，采用最大内角最小化原则连成三角面片凸包，形成一个初始三角网；在此基础上逐个加入其他离散点生成最终的三角网。如图 7.9（a）所示，Delaunay 三角网具有 2 个重要性质：①任何一个三角形外接圆不包含其他数据点；②所有三角形最小内角和最大。从而最大限度地保证所有三角形能够最接近等边（角）三角形，避免形成过长过尖锐三角形，进而保证构建的曲面网格拓扑关系的正确性，且随着扫描点云密度的增大，构建的网格收敛于实际被测曲面。

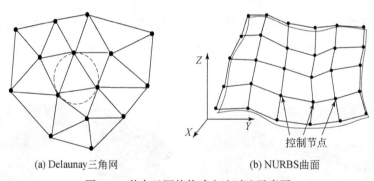

(a) Delaunay三角网　　　　　　　　　(b) NURBS曲面

图 7.9　种点云网格构建方法对比示意图

对于表面已经衬砌光滑或经过初期喷混后表面虽然有起伏但无尖锐棱角的洞室，其三维扫描点云分布连续，因此可采用基于 NURBS 算法的三维建模。如图 7.9（b）所示，NURBS曲面为非均匀有理 B 样条分析函数曲面，它唯一由节点矢量、控制网节点、权值确定。用有理分式表示 $p×q$ 次 NURBS 曲面，其函数方程（Piegl，1991；秦志光等，1994）为

$$S(u,\ v) = \frac{\sum\limits_{i=0}^{m}\sum\limits_{j=0}^{n} W_{i,\ j} d_{i,\ j} N_{i,\ p}(u) N_{j,\ q}(v)}{\sum\limits_{i=0}^{m}\sum\limits_{j=0}^{n} W_{i,\ j} N_{i,\ p}(u) N_{j,\ q}(v)} \tag{7.3}$$

式中，$d_{i,j}(i=0,1,2,\cdots;j=0,1,2,\cdots)$ 为控制网节点；$W_{i,j}$ 为权因子；u,v 为曲面 2 个方向的参变量；$N_{i,p}(u)$ 为 u 方向 p 次 B 样条函数，$N_{j,q}(v)$ 为 v 方向 q 次 B 样条函数，由下面递推公式 de Boor-Cox（Piegl and Tiller，1996）确定：

$$N_{i,0}(u)=\begin{cases}1 & (u_i<u<u_{i+1})\\0 & (其他)\end{cases} \tag{7.4}$$

$$N_{i,p}(u)=\frac{u-u_i}{u_{i+p}-u_i}N_{i,p-1}(u)+\frac{u_{i+p+1}-u}{u_{i+p+1}-u_{i+1}}N_{i+1,p-1}(u) \tag{7.5}$$

通过调整边界条件和权因子可以控制和修改曲面的形状，从而保证重构曲面与实测曲面相吻合。

基于 Delaunay 三角网法的 2# 泄洪洞开挖围岩三维表面模型和基于 NURBS 算法的衬砌过流表面三维模型分别如图 7.10 所示。基于 NURBS 算法的经过初期喷混处理后的白鹤滩地下厂房洞室群三维模型如图 7.11 所示。

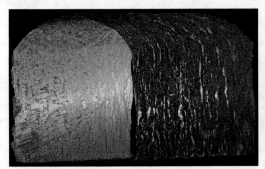
(a) 开挖围岩三维模型(三角网法)

(b) 衬砌过流表面三维模型(NURBS算法)

图 7.10　长河坝 2# 泄洪洞三维模型示意图

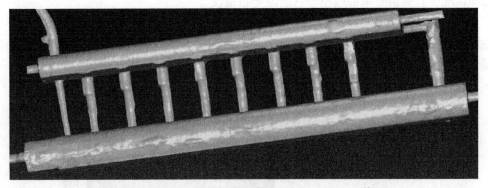

图 7.11　白鹤滩地下厂房三维模型示意图（NURBS 算法）

7.3　洞群施工质量控制精准评价

洞群施工质量的控制是洞群工程成败的关键所在。由于大型洞群施工现场环境复杂多变、干扰因素众多，采用传统方法很难对施工质量控制做出精细化评价，而三维激光扫描能够在复杂洞群施工环境中快速、精细地记录下施工现场的三维场景，实现施工现场的"三维复制建模"，进而实现将大量复杂的现场施工质量评价工作转移到办公室中，并且能够实现传统粗略评价指标（如半孔率、超欠挖量、平整度、衬砌厚度、衬砌体型偏差、挂面面积、锚杆间距等）的快速、精准测量。下面以超欠挖量和衬砌体型偏差两个常用施工质量评价指标的精准测量为例，说明三维激光扫描在施工洞群质量控制精准评价中的适用性和优越性。

7.3.1　超欠挖测量

　　围岩开挖的超欠挖量是洞群施工质量控制的一个最基本指标，也是最重要指标之一。控制好洞室开挖围岩超欠挖量对洞室工程施工尤为重要，它直接关系到钢筋网铺设、锚杆安装以及二次衬砌中的防水层、止水带、预埋件、混凝土施工等一系列工序，与工程进度、项目效益密切相关。超挖对后期混凝土施工成本控制不利；欠挖在初期支护喷射混凝土时增加回弹量值，在安装钢拱架、钢筋网时必须进行处理，严重影响施工进度及成本。

　　传统洞室围岩超欠挖量的测量手段主要有红外测距经纬仪、全站仪、断面仪等，其中红外测距经纬仪测量方法最复杂，精度最差（厘米级），全站仪、断面仪精度较高。它们的共同点是都为"单点式"测量，以激光断面仪法超欠挖量的测量为例，其测量的一般过程如下：以某一物理方向（水平面）为起算方向，以一定间距（角度）依次测定仪器旋转中心与实际开挖轮廓线的交点之间的矢径及该矢径与水平线的夹角，通过拟合这些矢径端点即可获得开挖断面曲线。通过与设计开挖断面对比即可计算出测量断面的超欠挖面积。以一定间距连续获取开挖断面曲线，并将各断面超欠挖面积乘以测量间距后分别相加，即可得到超欠挖量，如图7.12（a）所示。由于测点有限，无法全面反映洞室整体偏差分布情况，且测量效率都远小于三维激光扫描仪。

　　三维激光扫描能够快速（单次扫描时间为10min左右）、精确（线性精度在1~3mm）获取洞室表面的整体信息，且点云密度非常高（点云最大间距10mm），因此能够精确测量超欠挖量值，同时也能全面反映衬砌过流表面体型偏差分布情况，如图7.12（b）所示。

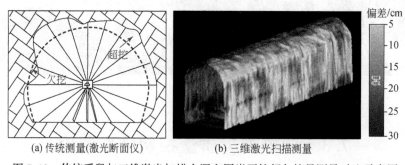

(a) 传统测量(激光断面仪)　　　　(b) 三维激光扫描测量

图7.12　传统手段与三维激光扫描在洞室围岩开挖超欠挖量测量对比示意图

如图 7.13 所示，通过基于三维激光扫描建立开挖围岩的扫描三维表面模型，并且通过设计开挖断面的轴向拉伸得到开挖围岩的设计三维表面模型，将开挖围岩的扫描三维表面模型与设计三维表面模型进行布尔逻辑运算，两表面的各不重合部分即可围限成各个实体。以设计三维表面模型之内的实体体积表示欠挖量，用负值表示，之外的表示超挖量，用正值表示，分别对其统计求和，即可计算出各个检测区段的超欠挖量。图 7.14 给出了长河坝 2# 泄洪洞两个地质条件差异较大洞段 （K0 + 505m ～ K0 + 565m 及 K1 + 005m ～ K1+065m）围岩超挖量的三维激光扫描数据及传统测量结果的对比情况 （每 20m 洞段作为一个计算单元）。三维激光扫描计算结果表明所检测的几个洞段均不存在欠挖的情况 （未出现负值）。

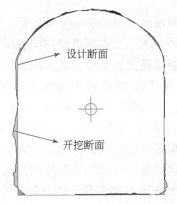

图 7.13　基于三维激光扫描的超欠挖测量原理

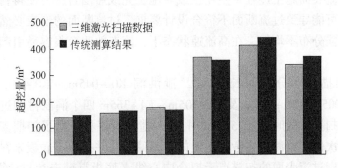

图 7.14　超欠挖测量结果 （长河坝 2# 泄洪洞）

从图 7.14 可以看出：三维激光扫描技术和传统测量结果总体比较接近，尤其是当地质条件较好的情况下 （图 7.14 中的 K0 + 505m ～ K0 + 565m 洞段）。而对于 K1 + 005m ～ K1+065m 洞段来说，由于该洞段节理裂隙发育，多组断层组合切割，岩体破碎，爆破开挖断面凹凸不平，传统测量的精确度很难保证，导致三维扫描测量数据和传统测量结果之间的偏差较大。K0+505m ～ K0+565m 检测洞段超挖量较小主要是因为该洞段地质条件较好，没有大的断层通过，围岩以 Ⅲ 类为主，节理裂隙发育程度不高，该洞段的超挖水平在140 ～ 170m³@ 20m 左右；而 K1+005m ～ K1+065m 检测洞段岩体内断层发育，F_0、F_{10} 等较大断层斜切洞室，断层带宽 0.4 ～ 1.0m，岩体较破碎，开挖时易产生楔形失稳、掉块等工程地质问题，开挖质量难以控制，导致超挖量明显偏大，该洞段的超挖水平达到 360 ~ 410m³@20m 左右。

从两个典型洞段开挖质量检测结果的对比情况可以看出，在地质条件较好区域，洞室表面起伏较小，采用三维激光扫描技术和传统测量手段对洞室围岩超欠挖量测量的结果比较接近；在地质条件较复杂区域，洞室围岩表面起伏较大，采用传统测量手段很难准确估算洞室围岩的超欠挖量，而采用三维激光扫描技术则能够较为精准地测算出洞室围岩的超欠挖量。

7.3.2　衬砌断面体型检测

衬砌断面体型偏差是衬砌混凝土质量检测的重要指标，尤其是对于有过流要求的衬砌隧洞，其表面体型控制有着严格要求。当水流流经隧洞表面体型突变处时，水流会与边界发生脱离，形成低压射流区。当流速大到足以使此区压力等于水蒸气压力时，水即汽化成空穴，空穴溃灭产生的瞬时压强可达 9600 多个标准大气压，可引起边界材料强烈剥蚀，空蚀深度可深入混凝土 2 ~ 3m，或更深，空蚀面积可波及数十平方米甚至数百平方米。

传统隧洞衬砌表面体型偏差采用"单点式"的全站仪或直尺测量，具有很大的随机性，很难对衬砌表面混凝土体型偏差做出全面精细化的评价，而三维激光扫描可以获取衬砌隧洞表面全空间的精细化几何信息，可以实现对隧洞衬砌表面任意位置体型偏差进行测量，下面以长河坝 2#泄洪洞过流表面衬砌混凝土体型偏差的测量为例进行详细说明。

长河坝泄洪洞过流量大，流速最高可达 49m/s，对洞室过流断面体型有着严格要求，如果二次衬砌过流表面施工过程发生变位或者施工完成后围岩压力使得衬砌过流表面发生过大变形，都有可能导致过流断面不符合设计要求。过流断面的形变必然导致水流流态发生扰动，使得压强分布不均匀，在高流速状态下，流态的改变很容易引起过流表面混凝土空蚀破坏。

采用三维扫描技术分别对长河坝 2#泄洪洞 K0+045m ~ K0+105m、K0+505m ~ K0+565m、K1+005m ~ K1+065m 及 K1+305m ~ K1+365m 四个洞段衬砌过流表面的体型偏差进行测量。在扫描试验时（2015 年 6 月），2#泄洪洞底板只做了初期支护，二次衬砌还未施工，因此本次体型检测没有考虑底板的体型偏差，并扣除了底板未衬砌的影响。具体过程为：根据衬砌过流表面的扫描点云拟合中心线（底板点云未参与计算），通过垂直该中心线的平面连续切割三维表面模型，即可得到一连串洞室切割断面 [图 7.15（a）]，取该断面已衬砌部分（即删去未衬砌的底边线，并取直墙段与设计断面等高的 13.873m）拟合其中心点，并将该中心点与设计断面中心点重合，通过与设计断面比对，即可测量出过流断面的体型偏差量值，如图 7.15（b）和（c）所示。

图 7.15（b）和（c）分别给出了地质条件较好的中间深埋洞段（K0+505m ~ K0+565m）及有多组断层组合切割的洞段（K1+005m ~ K1+065m）的典型衬砌过流表面扫描三维模型的切割断面与设计过流断面的对比结果。从图 7.15（b）可以看出，K0+530m 断面顶拱衬砌混凝土表现为下沉的趋势，而两侧边墙表现为指向围岩内部形变的趋势。而 K1+020m 断面边墙处则表现出与 K0+530m 断面截然相反的趋势 [图 7.15（c）]。

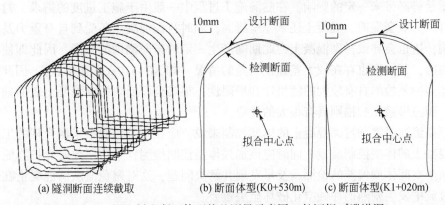

(a) 隧洞断面连续截取　　(b) 断面体型(K0+530m)　　(c) 断面体型(K1+020m)

图 7.15　洞室衬砌断面体型偏差测量示意图（长河坝 2#泄洪洞）

图 7.16 给出了 K0+045m ~ K0+105m、K0+505m ~ K0+565m、K1+005m ~ K1+065m 及 K1+305m ~ K1+365m 四个检测区段衬砌过流表面扫描三维模型连续截取的断面（断面截取的间距为 10m）体型最大偏差结果，以指向凌空面的偏差为正，指向围岩内部为负。

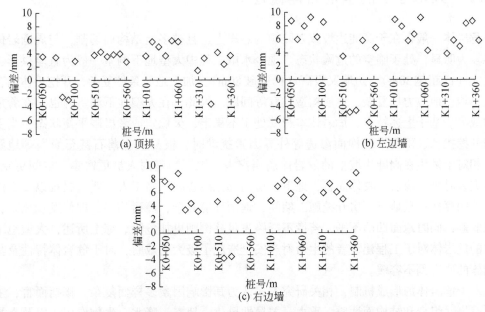

图 7.16　洞室断面最大体型偏差统计结果（长河坝 2#泄洪洞）

从图 7.16 可以看出，洞室衬砌混凝土顶拱的体型偏差相对最小（最大体型偏差基本控制在 5mm 以内），两侧边墙的体型偏差相对较大，但是 4 个检测区段衬砌混凝土的最大体型偏差都控制在 10mm 以内，基本满足设计要求。同时还可以看出，不同断面衬砌混凝土的体型偏差相差很大，有正偏差，即表现为指向洞内的偏差，也有负偏差。隧洞衬砌混凝土的体型偏差不仅受到混凝土浇筑质量的影响（如振捣密实度、填充度、模板变形控制效果等），同时还受到前期洞室围岩开挖质量的影响，在地质条件较差的断层区域，开挖质量一般较难控制好而造成较大的超挖量且开挖面形成很大起伏差，这对后续衬砌混凝土的浇筑质量势必带来一定的影响。在隧洞施工过程中一般由于施工进度的需求，衬砌混凝土拆模时间一般会提前，混凝土还未完全凝固，同时衬砌混凝土还受到自身重力及围岩压力的影响，这也会导致衬砌混凝土在此期间产生一定的指向洞内的变形。因此即使在相邻衬砌断面内，其体型也存在较大差异性偏差的情况（如K0+510m断面附近），因此采用单点式的体型偏差检测具有较大的随机性和局限性，很难全面反映衬砌混凝土表面偏差的变化情况，而三维激光扫描则具有很大的优势。

对于高流速泄洪洞衬砌混凝土的体型控制来说，应在施工过程中采取合理的工程措施来提高混凝土的体型控制质量，同时应该加强体型控制检测，采用三维激光扫描能够实现衬砌表面全空间体型偏差的检测，及早发现并解决问题，这对避免泄洪洞混凝土在运行期的高速过流中发生剧烈的冲蚀空化破坏至关重要。

7.4　危岩体全域非接触式排查技术

7.4.1　大型地下洞室危岩体概述

危岩体一般存在于高陡边坡或者陡倾的悬崖上，且被多组结构面切割，与周围岩体的边界较为明显，处于临空的危险状态。现今水电工程中大型地下洞室一般为直墙拱形，且跨度大（已超越30m）、边墙又极高（已突破80m），加上地质条件复杂，开挖山体内存在岩性不均、地应力场复杂、地质构造发育等问题。因此，在大型地下洞室内也存在着危岩体的威胁。基于上述特点，危岩体本身就处于不稳定、欠稳定或者极限平衡状态，当受到爆破开挖扰动、雨雪沿结构面渗透等外界因素扰动时，极易发生落石甚至崩塌等地质灾害。相对于发生在高陡边坡上的危岩体崩塌灾害，地下洞室内人员更密集、空间更狭小，发生灾害时难以躲避。具体而言，地下厂房内部光线昏暗，施工人员凭肉眼难以发现危岩体风险的存在；且地下厂房开挖施工期间，地面环境复杂，障碍物多，即使发现风险，也难以躲避；同时地面凹凸不平，若慌不择路失足摔倒则更加危险。综上所述，大型地下厂房内的危岩体对于工程建设者的生命财产安全造成了极大的威胁，对于危岩体特性及其防护措施的研究刻不容缓。

对于危岩体的形成机制，相关研究大多认为其影响因素多样而复杂。概括而言，主要受自身岩性组合和结构面性质、重力、差异性风化、地震、降水、生物作用，以及人类工程活动的影响。由于受到以上一种或者多种因素的作用，危岩体逐渐形成并慢慢与母岩分离，进而受到扰动发生崩塌等失稳破坏。而对于地下洞室内的危岩体，则主要受到原始地质环境（包括高地应力及地质结构面切割等）和开挖施工两方面因素的影响。对于危岩体的失稳破坏，除概括为崩塌外，也有学者将其分为倾倒式、滑移式和坠落式失稳三种。而对于拥有高陡边墙的大型地下厂房，其危岩体失稳方式主要为坠落式，因其蕴藏的巨大重力势能而存在极大的威胁。

白鹤滩水电站位于四川省凉山彝族自治州宁南县和云南省昭通市巧家县境内，是金沙江下游干流河段梯级开发的第二个梯级电站。其左、右两岸地下厂房内部布置基本相同。主副厂房洞断面尺寸为长 438m，高 88.7m，岩锚梁以下宽为 31.0m，以上宽为 34.0m，厂房顶拱高程 EL.624.6m，机组安装高程 EL.570.0m，尾水管底板高程 EL.535.9m。因此，白鹤滩水电站左岸主厂房属于典型的超大型地下洞室。本章以白鹤滩水电站左岸主厂房为例，借助地面三维激光扫描仪的高新技术对其危岩体展开研究，并为后续针对性的处理提供支持。

7.4.2 危岩体非接触式检测技术

三维激光扫描技术作为危岩体辨识的新方法，完全不受地下厂房光线不足、边墙高陡、施工环境复杂的限制，只需要进行短时间的现场扫描即可通过后期室内处理得到高精度的厂房三维模型，进而对危岩体展开对比分析。相对于传统的施工人员到现场的肉眼检查，三维激光扫描技术具有效率高、精度高、安全性高、可视性好等优点，对于地下洞室的危岩体监测具有推广意义。

首先，需要采用三维激光扫描精细化建模技术，对危岩体区域进行精细化扫描建模。对于白鹤滩水电站工程，相关科研人员分别在 2017 年 3 月 19 日（第一期）、2017 年 8 月 12 日（第二期）、2017 年 12 月 4 日（第三期）、2018 年 3 月 27 日（第四期）进入白鹤滩左岸地下厂房现场进行了三维激光扫描的数据获取。随后通过后续的处理与对比分析，即可在三维空间内对厂房内的危岩体进行辨识与监测。

图 7.17 展示了处理后的第一期与第二期的三角网扫描数据对比。图中单位均为厘米（cm）。图中蓝色渐变部分表示在地下厂房内挂网喷射混凝土、增设主动防护网，或者其他的支护施工措施导致地下空间容积减少（相对于上一期的变形对比数值为负）。图中显示为红色渐变的部分则表示相对于上一期的变形对比数值为正的部分。这部分包括由于高地应力环境或者地质结构面的切割，在施工过程中发生片帮脱落的部分，也即本章节研究的重点——危岩体。对于主厂房内，由于各种原因脱落或存在脱落风险的岩体、岩块或者混凝土块体，这里统称危岩体。但这一标注为红色的部分中也包含了由于卸荷响应导致厂房顶拱和边墙发生的小变形，这自然是需要筛选掉的。白鹤滩左岸主厂房边墙及顶拱的实测累积变形量值一般在 5cm 以下，因此，在下一节的具体分析中，将筛选掉变形正值小于 20cm 的部分，从而使得危岩体的辨识更为清晰和准确。另外，图中厂房端墙部位的灰色区域表示在进行三维激光扫描操作时，由于现场复杂的环境而缺失了数据的部分。

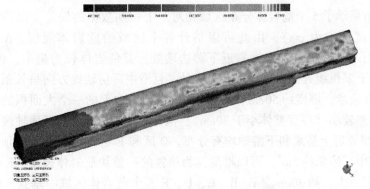

图 7.17 危岩体非接触式检测示意图

7.4.3 危岩体三维辨识结果分析

1. 第一期与第二期数据对比分析

对于白鹤滩左岸主厂房，第一期与第二期的扫描数据跨越 3 个月（2017 年 3 月 19 日至 8 月 12 日），时间跨度相对较长。因此，识别出来的危岩体掉块可能并非一次形成，也可能是多次掉块或片帮后的结果。前两期数据顶拱部分的比较结果如图 7.18 所示，图中显示为蓝色的部分即表示在 2017 年 3 月 19 日至 8 月 12 日期间发生危岩体坠落掉块的部位。值得注意的是：以下分析示意图中，已经按照 7.4.2 节的分析，过滤掉了变形正值小于 20cm 的部分。从图中可以看出，危岩体分布整体而言较为分散，从 1# 机组至安装间，可以划分为 A、B、C、D、E 五个危岩体发育部位。为使得典型危岩体的辨识更为清晰，以便于进一步的分析，图 7.19 中还展示了左岸主厂房区域的主要断层和层内错动带（徐鼎平等，2012）（f 表示断层，LS 表示层内错动带）。

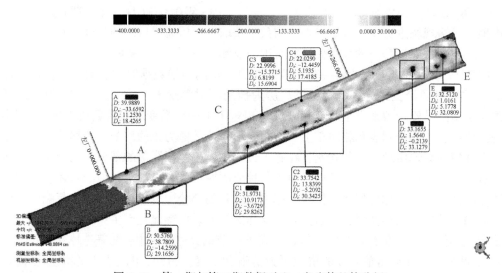

图 7.18　第一期与第二期数据对比（危岩体整体分析）

图 7.18 中展示了 5 个危岩体分布区域相对于上一期数据的偏差，也即危岩体区域的厚度（图中长度单位为 cm），由此可以估计各个区域的危岩体规模。A 区位于 ZC0+000.000m 断面附近 1# 机组处顶拱靠近下游边墙处，其危岩体较为集中，体积约为 4m³。B 区危岩体位于 2# 机组处顶拱靠近上游边墙处，且沿主厂房轴线方向呈长条形分布，其长度范围跨越 40 余米，厚度约 50cm。C 区为左岸主厂房中部的一个大面积的片帮区域，其危岩体块体虽然较小（厚度整体小于 30cm），但分布范围较广，沿厂房轴线方向的长度约 90m，其在顶拱靠近上游端和下游端均有分布。D 区和 E 区均位于安装间顶拱部分。D 区危岩体最为集中，体积约 2m³，可以推测其为单独的一整块危岩体掉块。E 区分布范围约 100m²，但厚度不大，约 30cm。A、B、C、D、E 五个危岩体区域沿垂直于洞轴线方向的截面分别如图 7.20 ~ 图 7.24 所示，从中可以看出危岩体垂直洞轴线方向的规模。需要注

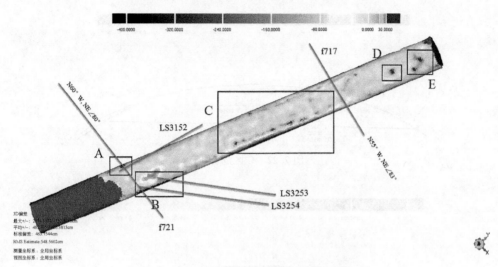

图 7.19   左岸主厂房主要断层和层内错动带

意的是，下面的剖面均为各危岩体区域大致的中心位置，因此仅作为参考，不能以此断定整个危岩体区域的形状。

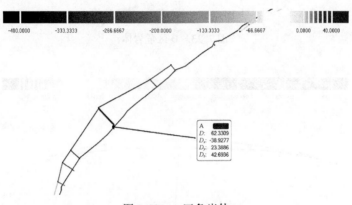

图 7.20   A 区危岩体

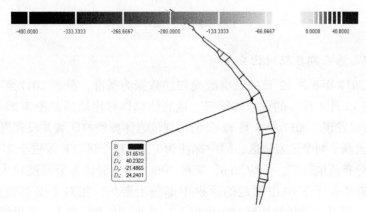

图 7.21   B 区危岩体

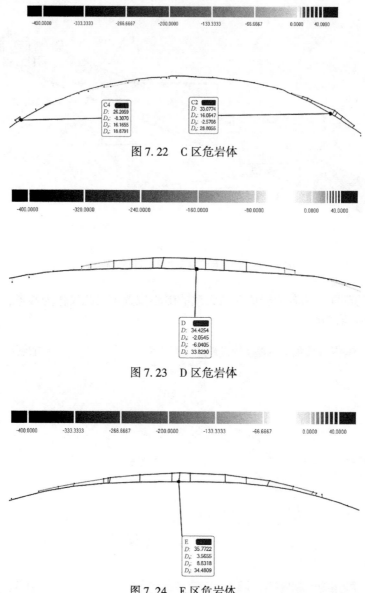

图 7.22　C 区危岩体

图 7.23　D 区危岩体

图 7.24　E 区危岩体

2. 第二期与第三期数据对比分析

接下来以 2017 年 8 月 12 日的三维激光扫描数据为基准，分析 2017 年下半年（2017 年 8 月 13 日至 12 月 4 日）的危岩体形势。危岩体总体对比结果如图 7.25 所示。通过与图 7.18 对比可以发现，2017 年 8 月 12 日前出现危岩体掉块的区域并没有再次发现危岩体威胁，但是新出现了两个危岩体区，同中标注为 F、G 两个区。F 区位于 2# 机组附近的顶拱中间区域，分布范围较广，长约 20m，宽约 10m，且危岩体部分厚度较大，达到 100cm 以上。G 区危岩体位于 3# 机组附近的顶拱中部偏上游处，相对于 F 区范围稍小，长约 15m，宽约 3m，但其厚度仍然达到 100cm 以上。另外，在主厂房 4# ~8# 机组对应的顶拱的靠近上下游边墙处，存在两条沿着厂房轴线方向的片帮发育带。F 区和 G 区沿垂直于洞轴线方向的截面分别如图 7.26 和图 7.27 所示，从中可以看出危岩体垂直洞轴线方向的规模。需要注意的是，下面的剖面均为各危岩体区域大致的中心位置，因此仅作为参考，不能以此断定整个危岩体区域的形状。

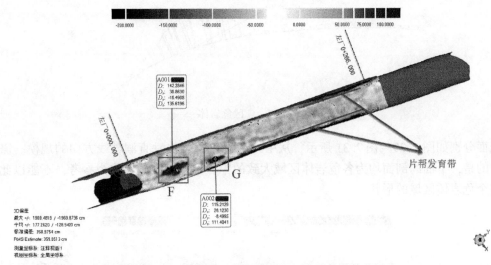

图 7.25　第二期与第三期数据对比（危岩体整体分析）

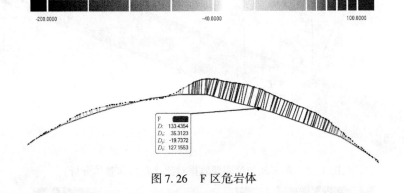

图 7.26　F 区危岩体

3. 第三期与第四期数据对比分析

第三期与第四期数据的对比将以 2017 年 12 月 4 日的三维激光扫描数据为基准，分析 2018 年初（2017 年 12 月 5 日至 2018 年 3 月 27 日）的危岩体形势。危岩体总体对比结果如图 7.28 所示。相对于前两次对比，这一时间区间的危岩体分布相对较小，集中于三个部位，危岩体形势总体较好。但值得注意的是，A 区和 F 区在 2018 年初再次出现了危岩体坠落的情况，为避免混淆，在此称为 A2 区和 F2 区。A2 区危岩体分布范围约有 50m²。F2 区相对于上一时间段的 F 区，危岩体规模大幅度缩小，但分布较散，更像是较大范围的表层支护混凝土脱落以及片帮破坏。H 区位于 8#机组附近的顶拱靠近上游边墙处，沿厂房轴线方向约有 18m，为新出现的一处危岩体。A2 区、F2 区及 H 区沿垂直于洞轴线方向

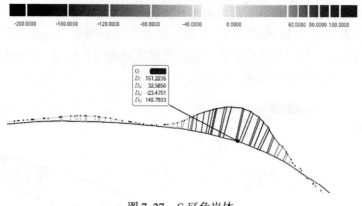

图 7.27　G 区危岩体

的截面分别如图 7.29 ~ 图 7.31 所示，从中可以看出危岩体垂直洞轴线方向的规模。需要
注意的是，下面的剖面均为各危岩体区域大致的中心位置，因此仅作为参考，不能以此断
定整个危岩体区域的形状。

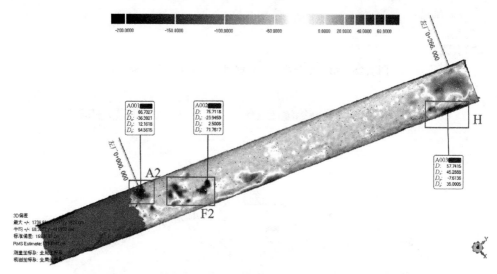

图 7.28　第三期与第四期数据对比（危岩体整体分析）

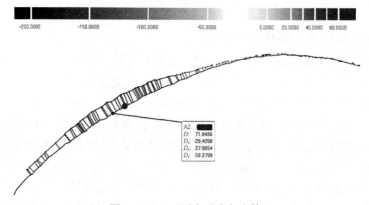

图 7.29　A 区再次形成危岩体

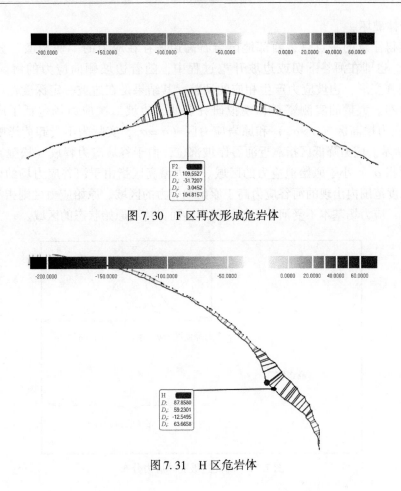

图 7.30　F 区再次形成危岩体

图 7.31　H 区危岩体

7.4.4　发育机理探讨与个性化处理

　　白鹤滩地下厂房的地质条件及其整体枢纽布置对于整体稳定性影响至关重要，不容忽视。根据工程资料，白鹤滩左岸地下厂房轴线布置方位通过综合比选采用了 N20°E 的方案。由于在此条件下，第一主应力方向与洞轴线呈大角度（50°~70°）相交，开挖致使洞周产生切应力集中。这样的应力状态将会导致洞室开挖后，边墙块体边界处于卸荷状态甚至出现拉应力，这对于边墙的稳定极为不利（黄达，2007）。相关研究指出，片帮破坏发生在与隧洞横断面上最大主应力方向呈大夹角或近似垂直的洞周轮廓线上。本质上是在特定的初始地应力场作用下，隧洞开挖后围岩应力重分布使得上述破坏部位的切向应力急剧增加，即出现这种隧洞围岩脆性破坏的本质原因还是岩体中的初始最大主应力（刘国锋等，2016）。这里的片帮指的是高地应力硬脆性岩体中常见的一种宏观破坏，表现为岩体的片状或板状剥落，与深埋硬脆性岩体中同样常见的岩爆灾害相比，片帮破坏的烈度相对较弱，一般无岩块弹射现象。在硬性结构面发育的地区，片帮破坏的应力门槛值还会降低，从而其风险增加。除片帮外，在地下厂房开挖过程中，还存在着塌方、结构面劈裂、掉块等破坏现象。这些破坏因为都伴随着不同规模的岩体或岩块的坠落，因此，这里将其统称为危岩体破坏。

　　另外值得注意的一点是，西部地区岩石高边坡存在应力的"驼峰型"分布（黄润秋，2005）。也即在河谷下切或边坡开挖过程中，随着边坡侧向应力的解除（卸荷），边坡产生回弹变形，边坡应力产生相应的调整，其结果是在边坡一定深度范围内形成二次应力场分布。大量的实测资料和模拟研究表明，边坡二次应力场包括了应力降低区（$\sigma < \sigma_0$）、应力增高区（$\sigma > \sigma_0$）和原岩应力区（$\sigma = \sigma_0$，实际为不受卸荷影响的区域），如图7.32所示。应力降低区指靠近河谷岸坡部位，由于谷坡应力释放（松弛）而使河谷应力（主要指σ_1）小于原始地应力的区域。应力增高区指由于河谷应力场的调整，而使岸坡一定深度范围内出现的河谷应力高于原始地应力的区域。原始应力区则指河谷岸坡较大深度以内，应力场基本不受河谷下切卸荷影响而保持了原始状态的区域。

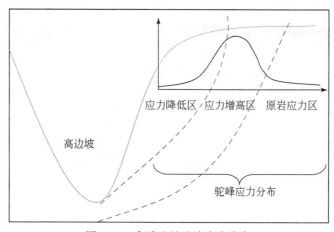

图7.32　高陡边坡驼峰应力分布

　　综上所述，由于厂房区地应力量值达22MPa左右，方向与厂房轴线夹角较大，且白鹤滩地下厂房结构与应力增高区存在交叉，地应力作用对厂房稳定相对不利，但相对来说厂房围岩强度均在74MPa以上，围岩强度应力比在2.5~5。因此，厂房在开挖过程中产生一定程度的片帮剥离乃至岩爆现象，并因开挖引起应力集中，可能产生岩体破裂，从而使得地下厂房的危岩体风险不容小觑。

　　具体分析白鹤滩左岸地下厂房边墙可知，危岩体的破坏主要分为三种破坏模式。

　　（1）在高地应力条件下因开挖卸荷而发生的应力控制型破坏，也即出现片帮及破裂破坏现象，片帮主要发生于开挖轮廓面附近，属于围岩的浅表层破坏。

　　（2）由于受到断层或层内错动带的切割（图7.19），岩体较为破碎，主要发生结构面控制型围岩破坏，表现形式为沿缓倾角结构面的塌落、掉块；错动带与临空面距离较近时，易形成较大范围的不稳定岩块致使塌落；错动带与陡倾角裂隙组合构成较小范围的半定位块体边界；局部发育的缓倾角裂隙与陡倾角裂隙组合，也可产生小的塌落和掉块。

　　（3）由于综合受到高地应力以及结构面交错的影响而出现较为明显的"弯曲折断"和"鼓出塌落"破坏现象。

1. 第一期与第二期危岩体机理探讨

左岸主副厂房部位地质构造总体不发育，层内错动带发育 4 条，但大部分出露在厂房顶拱附近 30m 高度范围内，对厂房上游段机组的顶拱稳定影响较大。左岸主厂房上游 1# 机组顶拱部位由陡倾角断层 f_{721} 与缓倾角层内错动带 LS_{3152} 可组合成半定位块体（张奇华，2004），体积约 2700m³。由此可知，A 区和 B 区的危岩体受地质结构面的影响显著：层内错动带 LS_{3152}、LS_{3253}、LS_{3254} 与断层 f_{721} 相互切割，容易导致楔形危岩体坠落，如图 7.20、图 7.21 所示。结构面控制型破坏的决定性因素主要是地质结构面的切割作用，在围岩中存在不稳定块体或半定位块体边界。但同时应注意到，A、B 两区都在靠近边墙的位置。由于主厂房轴线与第一主应力方向大角度相交，开挖后边墙受到卸荷作用的显著影响。同时加上驼峰应力的放大效应，应力的作用更加明显。因此，A 区和 B 区应是受到高地应力以及结构面交错的综合影响。与之形成对比，C、D、E 区危岩体区域均没有典型的断层和层内错动带。因此，它们均属于应力控制型的破坏。应力控制型破坏主要受高地应力水平影响，包括岩爆、片帮、破裂破坏等。这样的危岩体破坏往往触发速度快、破坏突然、破坏性大。但同时应注意到，顶拱衬砌完成后，可能由于地下洞室围岩蠕变（冯洋等，2011；于超云和唐春安，2014）以及施工振动干扰，顶拱衬砌混凝土可能产生裂隙。通过三维激光扫描识别出 2017 年 3 月 19 日的裂隙如图 7.33 所示。对比图 7.18 中的危岩体发生区域可知，顶拱裂隙的存在，可能加重了 C、D、E 区的浅层片帮破坏。

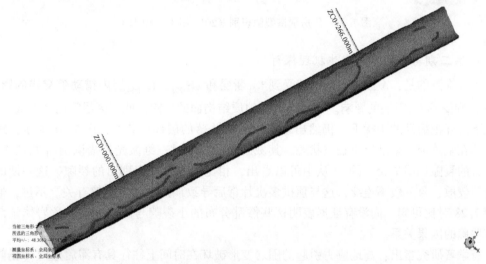

图 7.33　厂房顶拱裂隙识别（2017 年 3 月 19 日）

2. 第二期与第三期危岩体机理探讨

在 2017 年，左岸主厂房（K0+071m ~ K0+286m 桩号）主要完成第六层、第七层和第八层开挖，开挖高程范围为 EL.578.9 ~ 557.4m。按照分层开挖，及时支护的原则，顶拱部分早已完成支护。出现较大面积和较大厚度的危岩体破坏可能是受到了厂房下层开挖施工的影响。在开挖爆破的扰动下，表层喷射的混凝土可能在这 5 个月内（2017 年 8 月 12 日至 12 月 4 日）出现了多次脱落，内部岩体可能也有少量坠落，由此累积达到了 100cm

以上的危岩体坠落量值。其中，F 区受 f_{721} 断层和 LS_{3253}、LS_{3254} 层内错动带影响较大，属于结构面控制型破坏，图 7.26 也呈现出多组结构面切割的特征。而 G 区属于应力控制型破坏，在图 7.27 中看不出明显的结构面切割痕迹，更像是一整块岩体坠落。同理，G 区危岩体也受到顶拱裂隙的影响。通过三维激光扫描识别出 2017 年 8 月 12 日的裂隙如图 7.34 所示，显然，顶拱裂隙加重了 F 区和 G 区危岩体的风险。根据识别出的顶拱裂隙，图 7.25 中的两条片帮发育带也可以得到解释：片帮发育带几乎与顶拱靠近边墙处的裂隙重合，这样的顶拱裂隙无疑加重了两条带上的片帮风险。

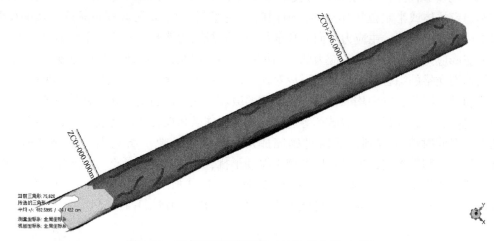

图 7.34　厂房顶拱裂隙识别（2017 年 8 月 12 日）

3. 第三期与第四期危岩体机理探讨

可以推测的是，A 区和 F 区继续受到 f_{721} 断层和 LS_{3253}、LS_{3254} 层内错动带交错的影响，而 H 区则受到 f_{717} 断层的影响。由于有这些地质结构面的切割，此三区尽管已经完成支护，但在下层开挖振动的干扰下，仍然出现了危岩体坠落的破坏。其中，图 7.31 显示，H 区危岩体在坠落前已呈现出半临空状态，其威胁极大。通过三维激光扫描识别出 2017 年 12 月 4 日的裂隙如图 7.35 所示。从中可以看出，相比于前两期识别出的裂隙，这一期的裂隙分布较散，且一般不连续，这与顶拱多次片帮后导致顶拱衬砌不平整有关。不过，通过与图 7.28 对比可知，尚没有证据表明这些散乱分布的小裂隙与已经发生的危岩体坠落破坏有明确的因果关系。

有学者研究指出：高地应力引起的围岩变形破坏在时间上往往具有滞后效应（杨静熙等，2016），因此地下洞群围岩的变形破坏大部分是在下层开挖、本层支护期和支护完成后发生的，选择一个合适的时机来进行支护非常重要，既要让应力先释放一些，围岩先变形一部分，后期又不致引起大的变形而导致围岩失稳。针对变形破坏往往伴随开挖停止后的支护期围岩继续变形，并且在支护完成后变形仍然持续发展的时效特征，工程上采用的主要对策是及时施以浅层支护，限制表层破坏，并适时施以预应力锚索和锚杆支护以限制围岩进一步卸荷松弛变形，另外采用合理的洞室开挖支护顺序也有利于减少围岩的变形破坏。

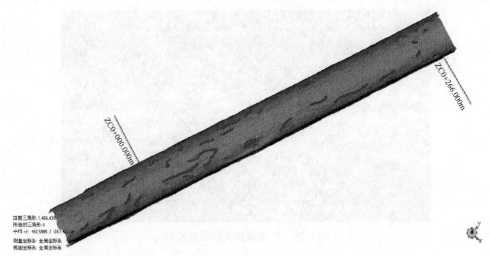

图 7.35　厂房顶拱裂隙识别（2017 年 12 月 4 日）

在地下厂房实际工程中，对于危岩体还有以下处理措施（简崇林和付继林，2017）：

（1）预应力锚索加固；

（2）对掉块区域喷混凝土并铺设钢筋网，对基岩脱空部位进行凿除，并对表面冲洗后，补喷至原设计喷混凝土边线；

（3）对喷混凝土与基岩脱空部位进行清理并对钢筋网片进行修补恢复，补喷素混凝土至设计轮廓；

（4）对开裂及岩石破碎松动区域喷混凝土，增加带垫板普通砂浆锚杆。

此处重点研究的白鹤滩地下厂房边墙高、跨度大，给了危岩体孕育风险的空间。从前面三节的对比分析可以看出，其危岩体风险具有以下特点：

（1）分布广泛，遍及整个左岸主厂房，从 1# 机组到安装间的顶拱都存在危岩体风险；

（2）产生机制复杂，受到地质结构面切割、高地应力以及下层施工扰动的多重影响，难以具体界定；

（3）具有复发性，且难以根治，一个区域发生危岩体坠落后，若没有得到有效的针对性处理，可能再次发生危岩体破坏。

地面三维激光扫描技术提供了危岩体辨识的新方法。三维激光扫描技术完全不受地下厂房光线不足、边墙高陡、施工环境复杂的限制，只需要进行短时间的现场扫描就可以得到高密度的厂房轮廓点云数据，再经过后期的室内数据处理即可得到地下厂房的空间三维模型。通过在计算机内对扫描得到的三维模型进行分析，可以轻松辨析人眼难以看清的危险区域。同时通过对多期扫描数据的对比，可以划定危岩体的多发区域，为危岩体的针对性处理提供强有力的支持。结合白鹤滩左岸地下厂房的实际条件和三维激光扫描技术的分析结果，主要有以下针对性的危岩体处理措施。

（1）台车运行检查：检查台车运行队伍在检查人员以及裂缝清撬队伍的配合下，将厂房顶拱检查台车开到需要位置进行每日检查，如图 7.36 所示。

（2）掉块清理：清撬排险队伍利用检查台车，在平台车排架上人工将掉落在主动防护

图 7.36 厂房顶拱喷层裂缝检查

网上的石块取下，用编织袋统一装好，人工搬运至厂房下部。

（3）裂缝清撬：清撬排险队伍在检查台车排架上，对喷层开裂松动位置进行清撬，并将清撬下的块体用编织袋统一装好搬下台车。对于喷层裂缝张开宽度较大，或排险过程容易造成大面积垮塌部位，以及人工排险无法确保施工人员安全的部位，则垫渣后采用多臂钻或 360 反铲排险。

（4）主动防护网修复：掉块及裂缝清理完毕后对破损的主动防护网进行修复，主动防护网破算较严重难以修复的部位补挂新网。

（5）局部增加主动防护网：对于通过三维激光扫描识别出来的危岩体坠落区域，若先前没有挂网，应及时增设主动防护网，如图 7.37 所示。

对于 A 区、F 区等危岩体多发和复发区域，及时清撬和修复防护网显得尤为重要。结合前面三节的三维激光扫描分析结果可知，危岩体发育规模自 2017 年 3 月至 2018 年 3 月逐渐缩小，但仍未根除，危岩体防护依然不可懈怠。

图 7.37 危岩体主动防护

7.5　本 章 小 结

本章简要介绍了三维激光扫描技术的工作原理（数据获取、数据处理、三维建模），并详细探讨了其在洞群围岩变形破坏中的应用。三维激光扫描技术具有数据获取方便快捷且非接触、模型创建精度高、后期处理效果好且可视化高等特点，对于洞群围岩的变形监测与分析提供了一种新思路。本章重点探讨了三维激光扫描在超欠挖测量、衬砌断面体型监测以及危岩体排查几个方面的应用，并得出以下结论：

（1）在地质条件较好区域，隧洞表面起伏较少，采用三维激光扫描技术和传统测量手段对隧洞围岩超欠挖量测量的结果比较接近；在地质条件较复杂区域，隧洞围岩表面起伏较大，采用传统测量手段很难准确估算隧洞围岩的超欠挖量，而采用三维激光扫描技术则能够较为精准地测算出隧洞围岩的超欠挖量。

（2）对于高流速泄洪洞衬砌混凝土的体型控制来说，应在施工过程中采取合理的工程措施来提高混凝土的体型控制质量，同时应该加强体型控制检测，采用三维激光扫描能够实现衬砌表面全空间体型偏差的检测，及早发现并解决问题，这对避免泄洪洞混凝土在运行期的高速过流中发生剧烈的冲蚀空化破坏至关重要。

（3）三维激光扫描技术作为危岩体辨识的新方法，完全不受地下厂房光线不足、边墙高陡、施工环境复杂的限制，只需要进行短时间的现场扫描即可通过后期室内处理得到高精度的厂房三维模型，进而对危岩体展开对比分析。相对于传统的施工人员到现场的肉眼检查，三维激光扫描技术具有效率高、精度高、安全性高、可视性好等优点，对于地下洞室的危岩体监测具有推广意义。

第8章 结论与展望

8.1 主要结论

随着经济发展和能源调整的迫切需要,特别是"西部大开发"和"西电东送"战略的实施,我国西南地区丰厚的水能资源得到开发利用,一批大型水电站相继开工建设并投入运行。适应于地形条件和枢纽布置,大型地下厂房洞群是普遍采用的布置形式,而且往往具有大跨度、高边墙和结构复杂的特点。与此同时,西南地区"三高一深"的地形地质特征使得地下洞群在施工过程中围岩变形破坏现象频发,严重威胁工程施工安全,给建设者提出巨大挑战。

安全稳定无小事,迫于当前出现的工程问题和今后水电开发的实际需要,针对水电工程大型地下洞群围岩稳定的研究迫在眉睫。基于我国西南地区水电工程大型地下洞群案例,采用现场调查、原位监测、理论分析、数值模拟及高新技术等手段,系统研究了大型地下洞群围岩变形破坏时空动态响应特征及机理。研究成果总结如下:

(1) 基于多个工程案例研究,分析总结了大型地下洞群围岩变形破坏关键影响因素,分别为洞群布置及结构特征、岩体工程地质特性、地应力场和施工因素。其中,岩体工程地质特性和地应力场是最为根本的两个影响因素。地下洞群选址一经确定,所赋存环境的工程地质特性和地应力场均无法更改,而且在当前西南地区水电开发面临的高地应力、地质条件复杂多变的背景下,这两个因素导致了大量围岩变形破坏实际案例。此外,洞群布置及结构特征和施工因素也是较为关键的影响因素。选择科学合理的洞群布置方位及形式,包括确定方位、断面形状和尺寸等要素,能够在工程建设之前预先降低围岩变形破坏的风险。施工过程包括开挖和支护两个环节,开挖是围岩变形破坏现象的前提,而支护措施则起到了控制围岩变形、避免破坏现象发生的作用。

(2) 建立了大型地下洞群围岩变形破坏模式分类体系,并结合实际工程案例,对典型围岩变形破坏现象的特征及力学响应机理进行归纳阐述。依据控制因素及破坏机制的不同,将围岩破坏现象归纳为两个层次的八种不同破坏模式。首先第一层将围岩变形破坏分为"应力主导型"、"岩体性质主导型"及"应力-岩体性质复合型"三个大类。在第二层,"应力主导型"可细分为岩爆、劈裂剥落及卸荷开裂等脆性破坏,"岩体性质主导型"包括塌方和块体掉落,"应力-岩体性质复合型"包含弯折内鼓、软弱带挤压外鼓和断层、节理层面滑移等破坏现象。

(3) 以锦屏 I 级地下洞群为例,研究总结了大型地下洞群围岩卸荷损伤演化规律及演化机理。施工开挖扰动导致围岩应力重分布,在二次应力作用下围岩内部的微裂纹和微缺陷不断萌生、扩展、贯通,导致围岩卸荷损伤,形成 EDZ。运用包括声波测试、多点位移计和钻孔摄像在内的多尺度技术手段对锦屏 I 级地下洞群围岩卸荷损伤特征及演化规律进行分析，将围岩 EDZ 划分为强开挖损伤区（HDZ）、开挖损伤区（EDZ）和开挖扰动区（EdZ）三部分，并各自分析了典型断面围岩 EDZ 的分布及演化特性。由于厂房区不同区域内第二主应力特性的差异，围岩 EDZ 总体呈现出两种不同的演化规律：高切向应力破坏和渐进型破坏。前者的严重变形围岩多位于浅层，HDZ 范围较大，深部围岩损伤程度不高，EDZ 与 HDZ 范围差别不大；后者的 EDZ 发展呈现出明显的时效性、渐进性特征，EDZ 范围和围岩变形随时间不断增大，最终 EDZ 范围远大于 HDZ。

（4）分析研究了大型地下洞群关键部位围岩变形破坏特征及机理，包括顶拱、岩锚梁、岩柱和洞群交叉部位。在复杂高地应力条件下，顶拱围岩以应力主导型破坏为主，局部受不利结构面影响出现岩体性质主导型破坏及应力-岩体性质复合型破坏，主要表现为岩爆、片帮、喷层裂缝及块体掉落等破坏形式。岩锚梁部位的破坏主要为开裂现象，岩柱则主要表现为卸荷大变形。位于洞室之间的岩柱在开挖卸荷作用下，其变形随时间增长，甚至呈不收敛趋势，损伤破坏呈现向深部围岩发展的趋势，松弛深度较大。针对此问题对岩柱新增对穿锚索，支护后岩柱变形得到有效控制并最终收敛，表明新增穿越锚索对深部围岩支护效果较好。位于洞群交叉部位的多面临空围岩，如主厂房下游边墙与母线洞交叉连接处，由于在开挖施工过程中多临空面卸荷，因而其变形速率相比单一临空面围岩更大，累计变形也更大。

（5）基于猴子岩地下洞群工程案例，从时间和空间两个维度对围岩变形破坏的演化规律进行总结，并阐述了破坏演化机理。空间上，从沿洞室轴线、竖直及沿钻孔深度三个方向对围岩变形分布特性进行分析，并介绍了洞群不同部位处的多种变形破坏形式。此外，大型洞室普遍存在的高边墙效应也会加剧边墙围岩的变形破坏现象。时间方面，围岩变形随开挖步骤的进行呈台阶状增长，并且表现出明显的时效性，边墙局部围岩出现不收敛大变形。分析可知，猴子岩地下厂房区域第一、第二主应力水平均较高，受高地应力（尤其是较高的第二主应力）影响，加之断层、挤压破碎带、开挖扰动等多因素综合作用，最终导致洞室围岩出现较为严重的大变形现象。

（6）三维激光扫描技术具有数据获取方便快捷且非接触、模型创建精度高、后期处理效果好且可视化高等特点，对于洞群围岩的变形监测与分析提供了一种新思路。分析表明：采用三维激光扫描技术能够较为精准地测算出洞室围岩的超欠挖量；采用三维激光扫描能够实现衬砌表面全空间体型偏差的检测，及早发现并解决问题；三维激光扫描可以准确而高效地辨识出地下洞室中的危岩体。因此，针对洞群围岩变形破坏的监测分析，三维激光扫描技术具有推广意义。

8.2　创新与展望

目前我国西南地区还有相当数量的水利水电工程在建或待建，高地应力复杂地质条件下地下洞群围岩变形破坏问题及安全稳定控制还将不断面临新的科学难题与技术挑战。本书依托西南地区的大型水电工程地下洞群，采用理论研究、原位监测、数值模拟等方法，从现象到机理系统地研究了大型地下洞群围岩变形破坏特征及其时空动态响应，取得的主要创新成果如下。

（1）针对地下洞群围岩变形破坏现象，系统研究了洞群围岩变形破坏关键影响因素，并在此基础上构建了洞群围岩变形破坏模式分类体系，揭示了洞群围岩变形破坏力学机制。

（2）基于位移计、声波监测及钻孔摄像等多源监测数据揭示了地下洞群围岩卸荷损伤演化规律及其机理。

（3）针对地下洞群关键部位系统研究了围岩变形破坏特征及机制，提出了针对性的围岩安全稳定控制技术。

（4）基于现场监测数据及数值仿真技术揭示了地下洞群围岩变形时空动态响应规律。

（5）首次采用三维激光扫描技术揭示了大型地下洞群围岩三维整体变形规律，提出了洞群危岩体全域非接触式排查技术。

工程岩体变形破坏的根本原因是在复杂赋存环境和施工扰动联合作用下，岩体内部不同尺度损伤破坏动态响应累积的结果。地下工程由于其赋存环境及施工方案的差异导致洞室围岩变形破坏问题复杂，本书已完成的工作极大地丰富了水电工程大型地下洞群围岩变形破坏问题的研究成果，但在有些问题及方面还不够全面和深入，后续还可以开展进一步的分析与思考。一是推动微震监测技术在地下洞群围岩稳定性分析中的应用。书中现场监测数据的获得主要是针对原位岩体在地质状况较差的结构面或工程结构中选定重要断面或特殊位置埋设监测仪器设备，如多点位移计、锚杆应力计、锚索测力计等，用监测点的数据分析监测区域的围岩变形特征，判断围岩是否处于稳定状态，这种方法能够很好地监测地下洞群围岩外观变形，但难以对围岩内部可能出现的微破裂进行有效的监测。岩体内的微破裂往往是岩体宏观失稳破坏的前兆，可以揭示岩体内部的动态损伤特征。微震监测技术作为一种岩体微破裂三维空间监测技术可以实时监测和分析地下洞群开挖过程围岩内部岩石微破裂萌生、发育、扩展直至贯通形成宏观变形破坏全过程，在高地应力复杂地质条件且规模巨大的水电工程地下洞群引入微震监测技术可以有效地评价和预测地下厂房开挖过程围岩变形趋势和稳定性，实现洞群的长期安全及稳定控制。二是进一步建立洞围岩变形破坏与安全稳定评估体系。目前围岩变形破坏特征的分析多是基于单一指标，如多点位移计变形数据、声波波速、钻孔摄像图等，后续可以将这些多源的围岩变形数据进行整理分析，研究各指标相互之间的内在联系，构建一套基于岩体变形应力数据、声波波速、钻孔成像、微震信息等指标的地下洞群围岩变形与破坏综合评估体系。三是进一步开展高地应力、复杂地质条件下地下洞群围岩变形破坏特征及机理的研究。本书针对西南地区大型水电工程地下洞群围岩变形破坏问题进行了分析与思考，所得成果对保证洞群围岩长期安全与稳定意义重大，极大地丰富了地下洞群围岩变形破坏的研究成果。但是随着西南地区各大河流水能资源的进一步开发，地下洞群赋存条件及规模会更加复杂，围岩变形破坏问题也将面临新的挑战。同时随着川藏铁路等大型工程的建设，深埋长距离地下洞群围岩将呈现出更为复杂的变形破坏问题。尤其是川藏铁路工程地质条件极为复杂，通常具有地层极多、构造活跃、地震发育、地下水丰富以及地应力极高等问题，导致线路沿线地下洞室的岩爆及软岩大变形问题极其突出。在本书已有的针对高地应力复杂地质条件大型地下洞群围岩变形破坏研究成果的基础上，后续可以进一步针对川藏铁路隧道、滇中引水工程等长距离地下洞室围岩变形破坏问题展开思考。

参 考 文 献

卞志兵, 高正夏, 宗文亮, 等. 2016. 基于 FLAC3D 的岩脉条件下地下洞室间距及围岩稳定分析. 武汉大学学报 (工学版), 49 (4): 539-543.

蔡德文. 2000. 二滩地下厂房围岩的变形特征. 水电站设计, 16 (4): 54-61.

蔡明, 赵星光, Kaiser P K. 2014. 论完整岩体的现场强度. 岩石力学与工程学报, 33 (1): 1-13.

陈菲, 何川, 邓建辉. 2015. 高地应力定义及其定性定量判据. 岩土力学, 36 (4): 971-980.

陈进, 涂俊钦, 杨定华. 2001. 江垭水电站地下厂房洞室围岩稳定性监测与分析. 岩石力学与工程学报, 20 (s1): 1714-1716.

陈仲先, 汤雷. 2000. 高地应力大型地下洞室的位移和锚杆应力特性. 岩土工程学报, 22 (3): 294-298.

程丽娟, 李仲奎, 郭凯. 2011. 锦屏一级水电站地下厂房洞室群围岩时效变形研究. 岩石力学与工程学报, 30 (s1): 3081-3088.

崔冠英. 2008. 水利工程地质. 北京: 中国水利水电出版社.

戴峰, 李彪, 徐奴文, 等. 2015. 猴子岩水电站深埋地下厂房开挖损伤区特征分析. 岩石力学与工程学报, 34 (4): 735-746.

丁秀丽, 董志宏, 卢波, 等. 2008. 陡倾角沉积岩地层中大型地下厂房开挖围岩变形失稳特征和反馈分析. 岩石力学与工程学报, 27 (10): 2019-2026.

丁秀丽, 张练, 张风, 等. 2006. 彭水水电站地下厂房围岩稳定性及支护措施. 人民长江, 37 (1): 77-80.

董方庭, 宋宏伟, 郭志宏, 等. 1994. 巷道围岩松动圈支护理论. 煤炭学报, 19 (1): 22-32.

董家兴, 徐光黎, 李志鹏, 等. 2014. 高地应力条件下大型地下洞室群围岩失稳模式分类及调控对策. 岩石力学与工程学报, 33 (11): 2161-2170.

段淑倩, 冯夏庭, 江权, 等. 2017. 高地应力下白鹤滩地下洞室群含错动带岩体破坏模式及机制研究. 岩石力学与工程学报, (4): 78-90.

樊启祥, 刘益勇, 王毅. 2011. 向家坝水电站大型地下厂房洞室群施工和监测. 岩石力学与工程学报, 30 (4): 666-676.

范勇, 卢文波, 周宜红, 等. 2017. 高地应力条件下深埋洞室围岩损伤区孕育机制. 工程地质学报, 25 (2): 308-316.

费文平, 张建美, 崔华丽, 等. 2012. 深部地下洞室施工期围岩大变形机制分析. 岩石力学与工程学报, 31 (S1): 2783-2787.

冯洋, 张志增, 胡江春. 2011. 地下厂房洞室群岩体蠕变特性分析. 中原工学院学报, 22 (3): 1-5.

辜良仙. 2017. 高地应力软岩大变形隧道变形控制技术研究. 重庆: 重庆交通大学.

谷德振. 1963. 地质构造与工程建设. 科学通报, 8 (10): 23-29.

顾欣. 2006. 预应力锚索对洞室的加固机理试验研究及数值分析. 武汉: 武汉理工大学.

郭群, 李江腾, 赵延林. 2010. 地下洞室围岩劈裂破坏判据及数值模拟研究. 中南大学学报 (自然科学版), 41 (4): 1535-1539.

何积树. 1999. 乌江东风水电站地下厂房洞室群的原位监测及分析. 海峡两岸隧道与地下工程学术与技术研讨会.

贺鹏. 2008. 思林水电站地下厂房洞室群围岩稳定性研究. 贵阳: 贵州大学.

侯哲生, 龚秋明, 孙卓恒. 2011. 锦屏二级水电站深埋完整大理岩基本破坏方式及其发生机制. 岩石力学与工程学报, 30 (4): 727-732.

黄达. 2007. 大型地下洞室开挖围岩卸荷变形机理及其稳定性研究. 成都: 成都理工大学.

黄达, 黄润秋, 张永兴. 2009. 三峡工程地下厂房围岩块体变形特征及稳定性分析. 水文地质工程地质, 36 (5): 1-7.

黄秋香, 邓建辉, 苏鹏云. 2013a. 母线洞开挖时序对围岩位移的影响效应. 岩石力学与工程学报, (z2): 3658-3665.

黄秋香, 汪家林, 邓建辉. 2013b. 地下厂房顶拱围岩变形机制分析. 岩石力学与工程学报, (s2): 3520-3526.

黄秋香, 闫晶晶, 汪家林, 等. 2014. 玄武岩岩体围岩位移特征研究. 岩石力学与工程学报, 33 (s2): 3924-3931.

黄达. 2007. 大型地下洞室开挖围岩卸荷变形机理及其稳定性研究. 成都: 成都理工大学.

黄润秋, 黄达. 2008. 卸荷条件下花岗岩力学特性试验研究. 岩石力学与工程学报, 27 (11): 2205-2213.

黄润秋, 黄达, 段绍辉, 等. 2011. 锦屏Ⅰ级水电站地下厂房施工期围岩变形开裂特征及地质力学机制研究. 岩石力学与工程学报, 30 (1): 23-35.

贾哲强, 张茹, 张艳飞, 等. 2016. 猴子岩水电站地下厂房岩爆综合预测研究. 岩土工程学报, 38 (s2): 110-116.

简崇林, 付继林. 2017. 乌东德右岸地下电站主厂房开挖变形及处理. 中国水利, (S1): 96-99.

江权, 侯靖, 冯夏庭, 等. 2008a. 锦屏二级水电站地下厂房围岩局部不稳定问题的实时动态反馈分析与工程调控研究. 岩石力学与工程学报, (9): 1899-1907.

江权, 冯夏庭, 陈国庆. 2008b. 高地应力条件下大型地下洞室群稳定性综合研究. 岩石力学与工程学报, (S2): 3768-3768.

江权, 冯夏庭, 苏国韶, 等. 2010. 高地应力下拉西瓦水电站地下洞室群稳定性分析. 水力发电学报, 29 (5): 132-140.

姜云, 李永林, 李天斌, 等. 2004. 隧道工程围岩大变形类型与机制研究. 地质灾害与环境保护, 15 (4): 46-51.

李昂, 戴峰, 徐奴文, 等. 2017. 乌东德水电站右岸地下厂房开挖围岩破坏模式及形成机制研究. 岩石力学与工程学报, (4): 7-19.

李桂林, 吴思浩. 2011. 大岗山地下厂房施工期阶段性安全监测及分析. 人民长江, 42 (14): 59-63.

李洪涛. 2004. 大型地下厂房施工程序及开挖方法研究. 武汉: 武汉大学.

李莉, 何江达, 余挺, 等. 2003. 关于地下厂房纵轴线方位的优化设计. 工程科学与技术, 35 (3): 34-37.

李曼, 马平, 孙强. 2011. 洞室轴线走向与初始地应力关系对围岩稳定性的影响. 铁道建筑, (7): 70-72.

李宁, 段小强, 陈方方, 等. 2006. 围岩松动圈的弹塑性位移反分析方法探索. 岩石力学与工程学报, 25 (7): 1304-1304.

李宁, 孙宏超, 姚显春, 等. 2008. 地下厂房母线洞环向裂缝成因分析及处理措施. 岩石力学与工程学报, 27 (3): 439-446.

李攀峰. 2004. 大型地下洞室群围岩稳定性工程地质研究——以黄河拉西瓦水电站地下厂房洞室群为例. 成都: 成都理工大学.

李邵军, 冯夏庭, 张春生, 等. 2010. 深埋隧洞 TBM 开挖损伤区形成与演化过程的数字钻孔摄像观测与分析. 岩石力学与工程学报, 29 (6): 1106-1112.

李晓静, 朱维申, 陈卫忠, 等. 2004. 层次分析法确定影响地下洞室围岩稳定性各因素的权值. 岩石力学与工程学报, 23 (z2): 4731-4734.

李永林.2000.二郎山隧道在高地应力条件下大变形破坏机理的研究及治理原则.公路,(12):2-5.

李志鹏,徐光黎,董家兴,等.2014.猴子岩水电站地下厂房洞室群施工期围岩变形与破坏特征.岩石力学与工程学报,(11):2291-2300.

李志鹏,徐光黎,董家兴,等.2017.高地应力下地下厂房围岩破坏特征及地质力学机制.中南大学学报(自然科学版),(6):162-170.

李志鹏.2016.高地应力下大型地下洞室群硬岩EDZ动态演化机制研究.武汉:中国地质大学.

李仲奎,周钟,汤雪峰,等.2009.锦屏一级水电站地下厂房洞室群稳定性分析与思考.岩石力学与工程学报,28(11):2167-2175.

凌建明,刘尧军.1998.卸荷条件下地下洞室围岩稳定的损伤力学分析方法.石家庄铁道大学学报(自然科学版),(4):10-15.

令狐克海,彭琦,李小余.2010.瀑布沟水电站地下厂房施工期安全监测成果及特征分析.水力发电,36(6):67-70.

刘国锋,冯夏庭,江权,等.2016.白鹤滩大型地下厂房开挖围岩片帮破坏特征、规律及机制研究.岩石力学与工程学报,35(5):865-878.

刘能胜,龙振华,龙立华,等.2011.从低碳经济角度看我国的水电能源开发.农村经济与科技,22(6):54-55.

刘宁,朱维申,于广明,等.2008.高地应力条件下围岩劈裂破坏的判据及薄板力学模型研究.岩石力学与工程学报,27(s1):3173-3179.

刘绍堂,刘文锴,周跃寅.2014.一种隧道整体变形监测方法及其应用.武汉大学学报(信息科学版),39(8):981-986.

刘永波,左雷高,闵勇章.2016.长河坝水电站地下厂房围岩变形特征.四川水力发电,35(1):49-53.

卢波,王继敏,丁秀丽,等.2010.锦屏一级水电站地下厂房围岩开裂变形机制研究.岩石力学与工程学报,29(12):2429-2441.

鲁文妍.2012.强震作用下大型地下厂房洞室群灾变仿真研究.天津:天津大学.

陆士良.1998.锚杆锚固力与锚固技术.北京:煤炭工业出版社.

潘建刚.2005.基于激光扫描数据的三维重建关键技术研究.北京:首都师范大学.

彭琦,王俤剀,邓建辉,等.2007.地下厂房围岩变形特征分析.岩石力学与工程学报,26(12):2583-2587.

钱伯章,李敏.2018.能源结构随能源需求增长而持续多样化——2018年世界能源统计年鉴解读.中国石油和化工经济分析,(8):51-54.

秦志光,张凤荔,刘锦德.1994.NURBS曲面的算法分析及实现.电子科技大学学报,23(4):15-18.

全国水力资源复查工作领导小组办公室.2006.中华人民共和国水力资源复查成果正式发布.水力发电,32(1):12.

邵国建,卓家寿,章青.2003.岩体稳定性分析与评判准则研究.岩石力学与工程学报,22(5):691-696.

邵洁.2016.隧道开挖后的应力状态与围岩成拱效应研究.建筑工程技术与设计,(6):1947-1948.

申艳军,徐光黎,宋胜武,等.2014.高地应力区水电工程围岩分类法系统研究.岩石力学与工程学报,33(11):2267-2275.

石广斌,李宁.2005.高地应力下大型地下洞室拱形优化研究.应用力学学报,22(4):661-664.

史玉峰,张俊,张迎亚.2013.基于地面三维激光扫描技术的隧道安全监测.东南大学学报(自然科学版),22:246-249.

孙广忠.1993.论"岩体结构控制论".工程地质学报,1(1):14-18.

孙广忠, 孙毅 . 2004. 地质工程学原理 . 北京：地质出版社 .

孙林锋, 朱维申, 张乾兵, 等 . 2010. 地下洞群主厂房边墙裂缝带监测与研究 . 地下空间与工程学报, 6 (3)：543-547.

孙维丽 . 2004. 漫湾水电站地下洞室围岩稳定性有限元分析 . 南京：南京大学 .

孙玉科 . 1997. 岩体结构力学—岩体工程地质力学的新发展 . 工程地质学报, 5 (4)：292-294.

谭义欣 . 2016. 基于 ABAQUS 的大型地下洞室围岩稳定性分析 . 上海：东华理工大学 .

唐军峰, 徐国元, 唐雪梅 . 2009. 地下厂房岩锚梁纵向裂缝成因分析及发展趋势 . 岩石力学与工程学报, 28 (5)：1000-1009.

唐旭海, 张建海, 张恩宝, 等 . 2007. 溪洛渡电站左岸地下厂房洞室群围岩稳定性研究 . 云南水力发电, 23 (1)：33-37.

涂志军, 崔巍 . 2007. 小湾水电站地下厂房岩锚梁现场试验研究 . 岩土力学, 28 (6)：1139-1144.

托雷 . 2012. 基于三维激光扫描数据的地铁隧道变形监测 . 北京：中国地质大学（北京）.

王丹, 吴静 . 2011. 有限元方法在某水电站地下厂房顶拱层开挖施工方案比选中的应用 . 价值工程, 30 (1)：87-88.

王俊奇 . 2006. 论隧道轴线、大型地下洞室长轴轴线方位的合理布置 . 中国水利水电科学研究院 .

王仁坤, 邢万波, 杨云浩 . 2016. 水电站地下厂房超大洞室群建设技术综述 . 水力发电学报, (8)：1-11.

王思敬 . 1984. 地下工程岩体稳定分析 . 北京：科学出版社 .

王思敬, 杨志法 . 1987. 地下工程中岩体工程地质力学问题 . 岩石力学与工程学报, 6 (4)：301-308.

王嵩 . 2017. 隧道开挖卸荷损伤对围岩力学参数的影响及数值分析 . 贵阳：贵州大学 .

王义昌, 卢文波, 陈明, 等 . 2015. 高地应力区洞室围岩开裂问题研究进展 . 水利水电科技进展, 35 (2)：85-94.

魏进兵, 邓建辉, 王俤剀, 等 . 2010. 锦屏一级水电站地下厂房围岩变形与破坏特征分析 . 岩石力学与工程学报, 29 (6)：1198-1205.

魏志云, 徐光黎, 申艳军, 等 . 2013. 大岗山水电站地下厂房区辉绿岩脉群发育特征及稳定性状况评价 . 工程地质学报, 21 (2)：206-215.

吴述彧 . 2005. 索风营水电站地下厂房主要工程地质问题评价 . 贵州省水力发电工程学会成立 20 周年纪念大会暨学术研讨会 .

吴文平, 冯夏庭, 张传庆, 等 . 2011. 深埋硬岩隧洞围岩的破坏模式分类与调控策略 . 岩石力学与工程学报, 30 (9)：1782-1802.

吴跃成 . 2013. 论地下围岩的主要破坏类型 . 才智, (3)：281.

夏万洪 . 2004. 冶勒电站地下厂房工程地质条件及围岩稳定性 . 水力发电, 30 (11)：50-53.

向天兵, 冯夏庭, 江权, 等 . 2011. 大型洞室群围岩破坏模式的动态识别与调控 . 岩石力学与工程学报, 30 (5)：871-883.

肖睿胤 . 2016. 锦屏一级水电站动态施工过程中地下厂房洞室群围岩变形破坏分析与评价 . 重庆：重庆大学 .

谢和平, Pariseau W G. 1993. 岩爆的分形特征和机理 . 岩石力学与工程学报, (1)：28-37.

谢和平, 许唯临, 刘超, 等 . 2018. 地下水利工程战略构想及关键技术展望 . 岩石力学与工程学报, 37 (4)：781-791.

谢雄耀, 卢晓智, 田海洋, 等 . 2013. 基于地面三维激光扫描技术的隧道全断面变形测量方法 . 岩石力学与工程学报, 32 (11)：2214-2224.

幸享林, 陈建康 . 2011. 喷射钢纤维混凝土在高地应力地下洞室群支护中的应用 . 吉林水利, (1)：30-33.

徐长义 . 2005. 水电开发在我国能源战略中的地位浅析 . 中国能源, 27 (4): 26-30.

徐鼎平, 冯夏庭, 崔玉军, 等 . 2012. 白鹤滩水电站层间错动带的剪切特性 . 岩石力学与工程学报, 31 (Z1): 2692-2703.

徐富刚, 高剑飞, 王峻, 等 . 2015. 猴子岩地下厂房施工过程岩锚梁裂缝成因及对策 . 水利学报, (S1): 242-247.

徐光黎, 李志鹏, 宋胜武, 等 . 2016. 中国地下水电站洞室群工程特点分析 . 地质科技情报, (2): 203-208.

许博, 谢和平, 涂扬举 . 2007. 瀑布沟水电站地下厂房开挖过程中岩爆应力状态的数值模拟 . 岩石力学与工程学报, 26 (s1): 2894-2900.

薛玺成, 郭怀志, 马启超 . 1987. 岩体高地应力及其分析 . 水利学报, (3): 54-60.

严时仁, 杜世民 . 2001. 大朝山水电站厂区地下洞室群工程地质研究 . 云南水力发电, 17 (4): 13-16.

晏长根, 刘彤, 伍法权 . 2008. 复杂条件下大型地下洞室群的变形稳定性分析 . 工程地质学报, 16 (1): 84-88.

杨建华, 张文举, 卢文波, 等 . 2013. 深埋洞室岩体开挖卸荷诱导的围岩开裂机制 . 岩石力学与工程学报, 32 (6): 1222-1228.

杨静熙, 陈长江, 刘忠绪 . 2016. 高地应力洞室围岩变形破坏规律研究 . 人民长江, 47 (6): 37-41.

衣晓强, 伍法权, 熊峥 . 2010. 锦屏一级水电站地下厂区破坏成因分析 . 工程地质学报, 18 (2): 267.

于超云, 唐春安 . 2014. 基于长期强度的节理岩体洞室蠕变特性研究 . 河南城建学院学报, (2): 1-5.

于学馥 . 1983. 地下工程围岩稳定分析 . 北京: 煤炭工业出版社 .

余学义, 姚裕春, 黄庆享 . 2002. 地下洞室形状优化设计 . 西安科技大学学报, 22 (1): 18-20.

喻渝 . 1998. 挤压性围岩支护大变形的机理及判定方法 . 现代隧道技术, (1): 46-51.

张传庆, 黄书岭, 周辉, 等 . 2018. 基于地应力水平评价的围岩潜在破坏模式研究 . 岩石力学与工程学报, (S1): 74-82.

张宏博, 宋修广, 黄茂松, 等 . 2007. 不同卸荷应力路径下岩体破坏特征试验研究 . 山东大学学报 (工学版), 37 (6): 83-86.

张建海, 胡著秀, 杨永涛, 等 . 2011. 地下厂房围岩松动圈声波拟合及监测反馈分析 . 岩石力学与工程学报, 30 (6): 1191-1197.

张镜剑, 傅冰骏 . 2008. 岩爆及其判据和防治 . 岩石力学与工程学报, 27 (10): 2034-2042.

张梅英, 尚嘉兰 . 1998. 单轴压缩过程中岩石变形破坏机理 . 岩石力学与工程学报, 17 (1): 1-8.

张梦宇, 刘光岩, 谢晓利, 等 . 2005. 水布垭电站地下厂房软岩置换体施工 . 黄河水利职业技术学院学报, (1): 11-12.

张奇华, 邬爱清, 石根华 . 2004. 关键块体理论在百色水利枢纽地下厂房岩体稳定性分析中的应用 . 岩石力学与工程学报, 23 (15): 2609-2614.

张奇华 . 2004. 块体理论的应用基础研究与软件开发 . 武汉: 武汉大学 .

张文举, 卢文波, 杨建华, 等 . 2013. 深埋隧洞开挖卸荷引起的围岩开裂特征及影响因素 . 岩土力学, (9): 2690-2698.

张晓科, 秦四清, 陶波 . 2006. 围岩变形破坏机制研究现状综述 . 第一届中国水利水电岩土力学与工程学术讨论会 .

张宜虎, 卢轶然, 周火明, 等 . 2010. 围岩破坏特征与地应力方向关系研究 . 岩石力学与工程学报, 29 (a02): 3526-3535.

张勇, 肖平西, 丁秀丽, 等 . 2012. 高地应力条件下地下厂房洞室群围岩的变形破坏特征及对策研究 . 岩石力学与工程学报, 31 (2): 228-244.

张倬元，王士天，王兰生 . 1994. 工程地质分析原理 . 北京：地质出版社 .

赵海斌，李学政，张孝松 . 2004. 龙滩水电站地下厂房洞室群围岩稳定性研究 . 水力发电，30（6）：37-40.

《中国三峡建设》编辑部 . 2005. 中国水能资源富甲天下——全国水力资源复查工作综述 . 中国三峡，（6）：68-73.

周建民，金丰年，王斌，等 . 2005. 洞室跨度对围岩分类影响探讨 . 岩土力学，（s1）：307-309.

周述达，陈代华，易路，等 . 2007. 水布垭水电站地下厂房软岩处理及支护设计 . 人民长江，38（7）：39-41.

朱维申，何满潮 . 1995. 复杂条件下围岩稳定性与岩体动态施工力学 . 北京：科学出版社 .

朱维申，李晓静，郭彦双，等 . 2004. 地下大型洞室群稳定性的系统性研究 . 岩石力学与工程学报，23（10）：1689-1693.

朱维申，孙爱花，王文涛，等 . 2007. 大型洞室群高边墙位移预测和围岩稳定性判别方法 . 岩石力学与工程学报，26（9）：1729-1736.

朱泽奇，盛谦，张勇慧，等 . 2013. 大岗山水电站地下厂房洞室群围岩开挖损伤区研究 . 岩石力学与工程学报，32（4）：734-739.

字继权 . 2006. 构皮滩电站地下洞室群施工特性研究 . 天津：天津大学 .

邹红英，肖明 . 2010. 地下洞室开挖松动圈评估方法研究 . 岩石力学与工程学报，（3）：513-519.

Abdollahipour A, Rahmannejad R. 2012. Investigating the effects of lateral stress to vertical stress ratios and caverns shape on the cavern stability and sidewall displacements. Arabian Journal of Geosciences, 6（12）：4811-4819.

Barton N. 2007. Rock Quality, Seismic Velocity, Attenuation and Anisotropy. London：Taylor & Francis.

Bian K, Xiao M. 2009. Research on Optimization Method for Underground Cavern Excavation. International Conference on Intelligent Computation Technology & Automation. IEEE.

Cai M. 2008. Influence of intermediate principal stress on rock fracturing and strength near excavation boundaries——Insight from numerical modeling. International Journal of Rock Mechanics & Mining Sciences, 45（5）：763-772.

Chen W Z, Li S C, Zhu W S, et al. 2004. Excavation and optimization theory for giant underground multiple openings in high dipping laminar strata. Tunnelling & Underground Space Technology, 19（4-5）：435-436.

Chen Y F, Zheng H K, Wang M, et al. 2015. Excavation-induced relaxation effects and hydraulic conductivity variations in the surrounding rocks of a large-scale underground powerhouse cavern system. Tunnelling and Underground Space Technology, 49：253-267.

Dai F, Li B, Xu N, et al. 2016. Deformation forecasting and stability analysis of large-scale underground powerhouse caverns from microseismic monitoring. International Journal of Rock Mechanics and Mining Sciences, 86：269-281.

Duan S Q, Feng X T, Jiang Q, et al. 2017. Insitu observation of failure mechanisms controlled by rock masses with weak interlayer zones in large underground cavern excavations under high geostress. Rock Mechanics and Rock Engineering, 50（9）：2465-2493.

Diederichs M S, Kaiser P K, Eberhardt E. 2004. Damage initiation and propagation in hard rock during tunnelling and the influence of near-face stress rotation. International Journal of Rock Mechanics and Mining Sciences, 41（5）：785-812.

Fattahi H, Shojaee S, Farsangi M A E, et al. 2013. Hybrid Monte Carlo simulation and ANFIS-subtractive clustering method for reliability analysis of the excavation damaged zone in underground spaces. Computers & Geotechnics, 54（10）：210-221.

Feng X T, Pei S F, Jiang Q, et al. 2017. Deep Fracturing of the Hard Rock Surrounding a Large Underground Cavern Subjected to High Geostress: In Situ Observation and Mechanism Analysis. Rock Mechanics and Rock Engineering.

Ghorbani M, Sharifzadeh M. 2009. Long term stability assessment of Siah Bisheh powerhouse cavern based on displacement back analysis method. Tunnelling & Underground Space Technology, 24 (5): 574-583.

Goel R K. 2001. Status of tunnelling and underground construction activities and technologies inIndia. Tunnelling & Underground Space Technology Incorporating Trenchless Technology Research, 16 (2): 63-75.

Hoek E, Brown E T. 1986. 岩石地下工程. 连志升, 田良灿, 王维德, 等译. 北京: 冶金工业出版社.

ISRM. 1981. Basic geotechnical description of rock masses (BGD) . International Journal of Rock Mechanics and Mining Sciences & Geomechanics Abstracts, 18 (1): 87-110.

Jiang Q, Feng X T, Xiang T B, et al. 2010. Rockburst characteristics and numerical simulation based on a new energy index: a case study of a tunnel at 2500m depth. Bulletin of Engineering Geology & the Environment, 69 (3): 381-388.

Jiang Y J, Li B, Yamashita Y. 2009. Simulation of cracking near a large underground cavern in a discontinuous rock mass using the expanded distinct element method. International Journal of Rock Mechanics & Mining Sciences, 46 (1): 97-106.

Kim B H, Kaiser P K, Grasselli G. 2007. Influence of persistence on behaviour of fractured rock masses. Geological Society, London, Special Publications, 284 (1): 161-173.

Kong X X, Liu Q S, Zhang Q B, et al. 2018. A method to estimate the pressure arch formation above underground excavation in rock mass. Tunnelling and Underground Space Technology, 71: 382-390.

Li H B, Liu M C, Xing W B, et al. 2017a. Failure mechanisms and evolution assessment of the excavation damaged zones in a large-scale and deeply buried underground powerhouse. Rock Mechanics and Rock Engineering, 50 (7): 1883-1900.

Li H B, Yang X G, Zhang X B, et al. 2017b. Deformation and failure analysis of large underground caverns during construction of the Houziyan Hydropower Station, Southwest China. Engineering failure analysis, 80: 164-185.

Lichti D D. 2007. Error modelling, calibration and analysis of an AM-CW terrestrial laser scanner system. ISPRS Journal of Photogrammetry and Remote Sensing, 61 (5): 307-324.

Luo Y, Li X P. 2014. Numerical simulation study of crack development induced by transient release of excavation load during deep underground cavern. Applied Mechanics and Materials, 638-640: 851-857.

Martin C D, Kaiser P K, Mccreath D R. 1999. Hoek-Brown parameters for predicting the depth of brittle failure arou. Revue Canadienne De Géotechnique, 36 (1): 136-151.

Mizukoshi T, Mimaki Y. 1985. Deformation behaviour of a large underground cavern. Rock Mechanics and Rock Engineering, 18: 227-251.

Piegl L, Tiller W. 1996. The NURBS Book. Berlin: Springer.

Piegl L. 1991. On NURBS: a survey. IEEE Computer Graphics and Applications, 11 (1): 55-71.

Qian Q H, Zhou X P. 2018. Failure behaviors and rock deformation during excavation of underground cavern group for jinping I hydropower station. Rock Mechanics and Rock Engineering, 51: 2639-2651.

Read R S. 2004. 20 years of excavation response studies at AECL's Underground Research Laboratory. International Journal of Rock Mechanics & Mining Sciences, 41 (8): 1251-1275.

She C, Fan Y, Chen S. 1998. Athree-dimensional yield criterion for layered rockmass with bending effect considered. Rock & Soil Mechanics, 19 (3): 38-42.

Shen Y J, Xu G L, Yi J N. 2017. A systematic engineering geological evaluation of diabase dikes exposed at the underground caverns of Dagangshan hydropower station, Southwest China. Environmental Earth Sciences, 76 (14): 481.

Tezuka M, Seoka T. 2003. Latest technology of underground rock cavern excavation inJapan. Tunnelling & Underground Space Technology Incorporating Trenchless Technology Research, 18 (2): 127-144.

Wang B, Li T, He C, et al. 2016. Characteristics, causes and control measures of disasters for the soft-rock tunnels in the Wenchuan seismic regions. Journal of Geophysics and Engineering, 13 (4): 470-480.

Wang M, Li H B, Han J Q, et al. 2019. Large deformation evolution and failure mechanism analysis of the multi-freeface surrounding rock mass in the Baihetan underground powerhouse. Engineering Failure Analysis, 100: 214-226.

Wang Z, Li Y, Zhu W, et al. 2016. Splitting failure in side walls of a large-scale underground cavern group: a numerical modelling and a field study. Springer Plus, 5 (1): 1528.

Wu A Q, Yang, Q G, Ding X L, et al. 2011. Key rock mechanical problems of underground powerhouse in Shuibuya hydropower station. Journal of Rock Mechanics and Geotechnical Engineering, 3 (1): 64-72.

Wu J C, Zhang Y M, Li H X. 2012. Stability Analysis of Underground Caverns by Jointed Finite Element Method. Applied Mechanics and Materials, 238: 814-817.

Xiao X H, Xiao P W, Dai F, et al. 2017. Large deformation characteristics and reinforcement measures for a rock pillar in the Houziyan Underground Powerhouse. Rock Mechanics & Rock Engineering, 51 (2): 1-18.

Xu N W, Li T B, Dai F, et al. 2015. Microseismic monitoring and stability evaluation for the large scale underground caverns at the Houziyan hydropower station in Southwest China. Engineering Geology, 188: 48-67.

Xu W Y, Zhang J C, Wang W, et al. 2014. Investigation into in situ stress fields in the asymmetric V-shaped river valley at the Wudongde dam site, southwest China. Bulletin of Engineering Geology & the Environment, 73 (2): 465-477.

Zhang J C, Xu W Y, Wang H L, et al. 2016. Testing and modeling of the mechanical behavior of dolomite in the Wudongde hydropower plant. Geomechanics and Geoengineering: 1-11.

Zhang W, Lu W, Yang J, et al. 2014. Cracking of surrounding rocks induced by excavation unloading in deep tunnels. Disaster Advances, 7 (4): 11-18.

Zhu W, Yang W, Li X, et al. 2014. Study on splitting failure in rock masses by simulation test, site monitoring and energy model. Tunnelling and Underground Space Technology, 41: 152-164.